动物繁育技术

◎范忠原　王　源　牛骁麟　主编

中国农业科学技术出版社

图书在版编目（CIP）数据

动物繁育技术 / 范忠原，王源，牛骁麟主编．北京 ：中国农业科学技术出版社，2024.10. -- ISBN 978-7-5116-7126-4

Ⅰ．S813.2

中国国家版本馆 CIP 数据核字第 2024F2Z017 号

责任编辑 刁 毓 任玉晶
责任校对 马广洋
责任印制 姜义伟 王思文

出 版 者 中国农业科学技术出版社
北京市中关村南大街 12 号 邮编：100081
电 话 （010）82106641（编辑室）（010）82106624（发行部）
（010）82109709（读者服务部）
网 址 https://castp.caas.cn
经 销 者 各地新华书店
印 刷 者 中煤（北京）印务有限公司
开 本 185 mm × 260 mm 1/16
印 张 12.25
字 数 267 千字
版 次 2024 年 10 月第 1 版 2024 年 10 月第 1 次印刷
定 价 38.00 元

编写委员会

主　编　范忠原　王　源　牛骁麟

副主编　黎晓磊　王　琦　毛玉平

参　编　安晓娅　谢秀梅　徐生瑞　赵　琰
王晓宇　胡明光　张萌娥　杨　婕
徐其红

前 言

党的二十大报告提出了到 2035 年我国发展的总体目标，包括“建成现代化经济体系，形成新发展格局，基本实现新型工业化、信息化、城镇化、农业现代化”。动物繁育技术是推动畜牧业现代化的关键技术，在全面推进乡村振兴、建设现代种业强国中发挥着重要作用。本教材将动物遗传育种、家畜繁殖的内容进行了整合，在编写过程中，通过行业、企业调研，与行业、企业专家及技术人员共同探讨，真切了解当前畜牧生产对动物繁殖技术岗位的要求，按照“以服务为宗旨，以就业为导向，以常规技术为基础、以关键技术为核心、以先进技术为导向”的指导思想，以培养学生职业能力为重点，多开设“技能性、综合性和设计性”实验实训，减少验证性实验，建立与理论教学紧密结合的实践教学体系，突出课程的职业定向性、技术性和实用性，使理论知识和实践技能满足学生就业需要，达到理论知识“够用”，实践技能“过硬”的目标。

根据畜牧业发展需要，本书以动物繁殖过程为主线选取内容，根据青藏高原动物繁育生产实际、毕业生应职岗位需要和职业资格标准，选择提炼知识和技能作为教学内容，课程内容以“繁”为主，以“遗传育种”为辅。内容选取以动物发情、配种、妊娠和分娩等繁殖过程为主线，以发情鉴定、人工授精、妊娠诊断、分娩助产、综合管理等繁殖技术和系谱编制、选种选配、本品种选育和杂交改良等遗传育种内容，将课程分为 7 个项目、24 项任务安排内容。每一个项目都是学生应职岗位的一个具体要求，每个项目被分解为多项教学任务，每一教学任务设置任务导入、任务工单、任务准备、任务筹划、任务实施、任务检测、任务评价等内容，明确学生在不同技术单元应掌握的技能和相关知识，围绕技能展开理论知识的学习。每个任务都设置了在线测试题目，学生可以根据自身学习需要，通过扫描二维码进行在线测试，为实现课程的教学目标和提高学生学习的效果奠定良好的基础。

本教材的编写过程中，参阅了多位专家的研究成果和著作，再次表示感谢。由于编写时间仓促，加之编者水平和经验有限，书中缺点和错误在所难免，敬请广大师生和读者批评指正。

青海农牧科技职业学院
动物科学系动物繁育技术课程团队
2024 年 8 月

目 录

项目一 采精及处理精液

项目导读

人工授精技术就是人们利用器械采取公畜的精液，经过品质检查、稀释保存和运输等适当处理，再用器械把精液输送到发情母畜生殖器官的适当部位，从而使其受胎的一种代替公母畜直接交配的配种方法。应用人工授精技术，能够在全球范围内使用最优秀的种公畜基因，进而获得与经济利益相关的、最好的遗传元素，最大限度地改善动物的生产性能。采精和精液的处理是人工授精的关键技术环节，都有严格的检验程序来控制和管理，想要通过各种采精技术获得量多质优的精液，在稀释、分装、保存和运输等环节免受外界环境因素影响就尤为重要，必须严格按照规范程序进行。

学习目标

知识目标

（1）了解公畜生殖系统的组成，能够复述睾丸、附睾、副性腺等器官的生理功能。

（2）掌握采精前的准备、外界环境对精子的影响因素、精液品质检查评定标准和采精方法。

（3）了解精液稀释的目的、精液保存的方法及冷冻保存的原理。

技能目标

（1）掌握公畜生殖系统各组成部分组织构造、形态、大小和位置。

（2）学会假阴道的安装、采精操作及精液品质检查、评定方法。

（3）学会精液稀释、冷冻精液保存的操作技术。

思政目标

（1）教育引导学生树立坚定的专业目标，培养学生的专业志趣，不断激发学生的报国志向，塑造职业情怀。

（2）树立安全意识，熟知家畜保定工作安全常识，保障个人人身安全。

（3）教育引导学生刻苦学习，不怕脏不怕累，在艰苦奋斗中锤炼意志品质。

任务一　采集公畜的精液

任务导入

实际畜牧生产中，自然交配有诸多弊端，实用性不强，因此人们常采用人工授精技术。人工授精是现代较为先进的动物繁殖技术，是利用特殊的人工方法，将雄性动物的精液采集出来，经过一系列检查和处理，然后选取一定剂量用器械输入到雌性动物的生殖道内，从而达到受孕、产仔、繁育后代的目的。如今这项技术已相当成熟，在牛等家畜生产中得到广泛应用，目前我国各地畜牧兽医部门都在着力推广这一技术，已经取得一定成效。

请你根据现有条件，结合本任务知识，掌握精液采集等相关内容，并深入了解相关概念和技术流程，完成相应任务。

任务工单

班级：__________　姓名：__________　学号：__________

任务名称	采集公畜精液
任务描述	根据实际情况，填写本任务的内容、目的、流程和方法 任务内容： 任务目的： 任务流程： 任务方法：
获取信息	要完成任务，需要掌握相关的知识。请收集资料，回答以下问题。 1. 采精前的准备工作有哪些？ 2. 采精方法有哪些？

（续表）

<table>
<tr><td rowspan="2">获取信息</td><td colspan="4">3. 假阴道采精流程有哪些？</td></tr>
<tr><td colspan="4">4. 人工授精的优越性有哪些？</td></tr>
<tr><td>制订计划</td><td colspan="4"></td></tr>
<tr><td rowspan="5">任务实施</td><td colspan="4">按照预先制订的工作计划，完成本任务，并记录任务实施过程</td></tr>
<tr><td>序号</td><td>完成的任务</td><td>遇到的问题</td><td>解决办法</td></tr>
<tr><td>1</td><td>通过书籍、互联网等工具，查阅并收集相关内容，了解相关知识</td><td></td><td></td></tr>
<tr><td>2</td><td>进行假阴道安装和采精训练，并做好记录</td><td></td><td></td></tr>
<tr><td>3</td><td>针对在完成活动的过程中遇到的问题及解决情况进行总结</td><td></td><td></td></tr>
</table>

任务准备

知识准备

在动物繁殖过程中，母畜受胎的关键在于配种。动物的配种方法分为自然交配和人工授精。人工授精是利用特殊的器械将公畜的精液采出来，再经过检查和处理，按一定比例将精液用器械输入到母畜的生殖道内，使之受胎的一种方法。目前人工授精已在全世界广泛使用，并在经济动物和渔业生产中得以扩展，充分显示其发展潜力和前景。人工授精的优越性包括以下方面。

第一，人工授精能充分发挥优良种公畜的种用价值和配种效能。采用人工授精技术，公畜的一次采精量可为几头、几十头甚至上百头母畜输精。如 1 头优秀公牛每年能使万头以上母牛受孕，使优秀种畜的基因得以固定和充分利用。

第二，提高母畜的受胎率。人工授精使用的精液均经过严格检查处理，每次输精的时间经过科学的判断，输精部位准确，所以受胎率高。

第三，由于公母畜不直接接触，人工授精可防止疫病特别是传染病的传播。

第四，人工授精能克服杂交改良时由于公母畜体重差异悬殊造成的配种困难。

第五，冷冻精液技术的应用，使精液可以长期保存，使人工授精可以不受国家和地区的限制，同时也加快了育种工作步伐。

第六，人工授精是推广繁殖新技术的一项基础措施。

早在 1780 年，意大利生理学家司巴拉扎尼（Spallanzani）就成功地利用狗进行了人工授精试验，此后俄国的伊万诺夫（E.I.Ivanoff）在 1899 年把人工授精技术应用于马和牛，获得成功。伊万诺夫也是最早把人工授精技术用于羊和家禽的人。到 20 世纪 30 年代，马的人工授精已有较为科学的操作规程。

20 世纪 40—60 年代，苏联、英国、丹麦、美国、荷兰、加拿大、日本等畜牧业发达国家，人工授精已相当普及，其中以奶牛人工授精水平为最高。在此期间，以假阴道为主的采精方法的应用、卵黄稀释液的出现、精液检查方法及输精器械的研制成功、配种时间的科学确定，使人工授精技术得到突飞猛进的发展。

随着英国史密斯（Smith）和波芝（Polge）等对牛精液冷冻保存方法的研究成功及工业液氮的出现，人工授精进入一个崭新的发展阶段。目前，世界各国人工授精的普及率进一步提高。美国、英国、澳大利亚等一些国家牛的冷冻精液人工授精率已达到 100%。猪、马、羊、家禽、野生动物冷冻精液研究进展也较快。

1935 年，我国在江苏句容马场进行马的人工授精试验并获成功。但直到 1949 年后，人工授精才得以推广。当时在北方地区开展马、绵羊的人工授精，对马匹改良和细毛羊品种的育成起到了巨大的推动作用，同时也给其他家畜人工授精的推广和应用打下良好基础。1958—1960 年，在全国范围内开展牛的人工授精，改良本地的黄牛，效果明显。在 20 世纪 70 年代后，大力推广牛的冷冻精液配种。在 20 世纪 80 年代，开始推广猪的人工授精。到目前为止，我国的人工授精已相当普及，奶牛冻配率达 98% 以上，大型家畜人工授精总数位居世界第一。

从人工授精技术的应用、推广到普及，半个世纪以来，我国取得了巨大成绩，但发展还不平衡，一些畜种的人工授精水平还不高，特别是猪的冷冻精液效果不理想。如何提高人工授精水平，促进我国畜牧业的现代化，是一项艰巨的任务。

采精是人工授精工作的首要环节，能否得到量大、品质优良的精液是保证母畜受胎的前提。

一、采精前的准备

（一）采精场的准备

种公畜的采精应有专门的场地，以便种公畜建立稳固的条件反射。采精场要紧靠精液处理室，需宽敞、明亮、平坦、清洁、安静，有较好的环境调控设施。

（二）台畜的准备

台畜是供种公畜爬跨用的台架，有真台畜和假台畜之分。真台畜是使用发情母畜和调教的公畜做台畜，采精效果较好（图 1-1-1）。但使用假台畜采精既简单方便，且又安全，各种家畜均可采用。假台畜是用钢筋、木料、橡塑制品等材料模仿家畜的外形制成的，固定在地面上，其大小与真畜相近。假台畜的外层覆以棉絮、泡沫等柔软之物，亦可用畜皮包裹，以假乱真。

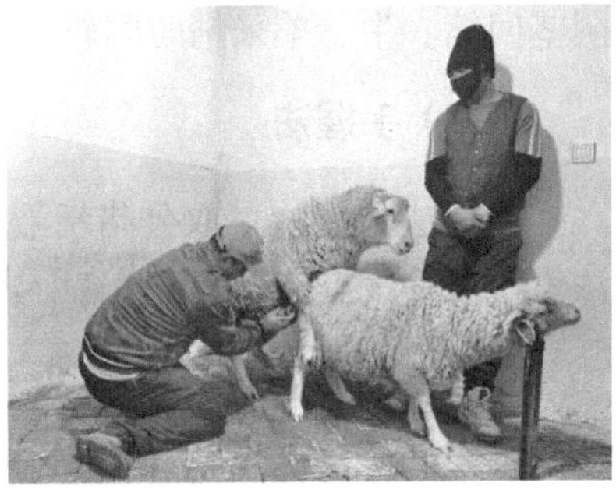

图 1-1-1　绵羊真台畜采精

（三）假阴道的准备

1. 假阴道的结构

假阴道是模仿母畜阴道的生理条件而设计的一种采精工具，虽然各种家畜假阴道的外形、大小有所差异，但其组成基本一致。假阴道由外壳、内胎、集精杯（瓶、管）、活塞（气嘴）、固定胶圈等部件构成。

2. 安装调试假阴道应注意的事项

假阴道经正确安装后，通过消毒、注水、调压、测温、涂抹润滑剂等调试，使其具有适宜的温度（38～40 ℃）、适当的压力和一定的润滑度。温度来自注入假阴道内的温水，占假阴道容积的 2/3。温度过低，不能引起种公畜的性欲；温度过高，使种公畜接受不良刺激。

压力是借助注水和空气来调节的，压力不够，种公畜难以射精；压力过大，种公畜阴茎难以插入假阴道，容易造成内胎破裂，致使精液品质下降。

（四）种公畜的准备

种公畜精液品质的好坏与其体况密切相关。必须保持种公畜良好的繁殖体况，给予全价饲料，精心饲养管理，加强运动，注意畜体与畜舍的环境卫生，做好疾病的预防和治疗工作。在每次采精前，需彻底清洗种公畜的阴茎和包皮。实践证明，种公畜采精前的性准备与采精量和精液品质有着密切关系，应采取有效方法进行诱导，使种公畜保持充分的性兴奋和旺盛性欲。例如，让种公畜反复多次爬跨台畜、其他种公畜在待采栏内观察等。

（五）术者的准备

采精员应具有熟练的技术，动作敏捷，操作时要注意人畜安全。对每一头种公畜的采精条件和特点了如指掌。操作前，要求穿上长筒胶靴，身着紧身利落的工作服，避免与种公畜及周围物体勾挂，影响操作。指甲剪短磨光，手臂要清洗消毒。

二、采精操作

（一）假阴道法

假阴道法是采精人员手持假阴道采取种公畜精液的方法。牛、羊对假阴道的温度较敏感，要特别注意温度的调节。采精时切勿用手抓握种公畜阴茎，否则会造成阴茎回缩。牛、羊采精时间较短，只有几秒钟，因此，要求采精者动作迅速敏捷。

（二）手握法

手握法是目前采取公猪精液普遍采用的一种方法，具有操作简单，能采集猪的浓份精液等优点。

三、采精频率

合理安排采精频率既能最大限度地发挥公畜的利用率，也是维持公畜健康，延长使用年限的主要条件。

采精频率是根据公畜的生精能力、精子在附睾的贮存量、每次射出精液中的精子数及公畜体况等来确定。一般牛 2～3 次 / 周，每次可采两个射精量；马 2～3 次 / 周；猪 2～5 次 / 周；公羊配种季节较短，射精量少且附睾贮存量大，每天可采 2～3 次。

实习动物与工具准备

公畜生殖器官标本、假阴道、台畜、种公畜、书籍资料等。

人员准备

任务角色	任务内容
组长：	任务：
组员 1：	任务：
组员 2：	任务：
组员 3：	任务：
组员 4：	任务：
组员 5：	任务：

任务实施

（1）分组研讨，公畜的生殖器官组成及生理功能是什么？

（2）分组研讨，采精的准备工作有哪些？

（3）分组讨论，假阴道采精法与手握采精法的优缺点是什么？

（4）实训操作，在老师的组织下，进行采精操作，并做好记录工作。

任务检测

请扫码答题。

任务评价

任务评价表

班级：__________　　组别：__________　　姓名：__________

项目	评分标准	分值	自我评价	小组评价	教师评价
知识技能	了解公畜生殖器官的组成	10			
	掌握采精前的准备	10			
	掌握采精方法	10			
	学会假阴道的安装	10			
	学会采精操作	10			
任务进度	提前完成为10分，正常完成为7～9分，超时完成为3～6分，未完成为0～2分	10			
任务质量	整体效果很好为10分，较好为7～9分，一般为3～6分，较差为0～2分	10			
素养表现	遵守实验室规定，操作文明、安全	5			
	严格执行操作程序，爱护动物，重视动物福利	5			
思政表现	不怕脏，不怕累，锤炼自身品质	10			
	有民族自豪感和职业精神	10			

（续表）

项目	评分标准	分值	自我评价	小组评价	教师评价
合计		100			
自我评价与总结					
教师点评					

任务二　检查精液品质

任务导入

学院实习牧场保存一批公牦牛细管冻精，取样检测后得到以下数据：精子剂量为 0.25 mL，精子活力为 0.4，精子畸形率 13.2%。请同学们根据上述数据分析该精液是否符合国家标准，是否可用于输精。

任务工单

班级：__________　　姓名：__________　　学号：__________

任务名称	检查精液品质
任务描述	根据实际情况，填写本任务的内容、目的、流程和方法。 任务内容： 任务目的： 任务流程： 任务方法：

（续表）

<table>
<tr><td>获取信息</td><td colspan="4">要完成任务，需要掌握相关的知识。请收集资料，回答以下问题。
1. 精液的组成及精子的形态结构是什么？

2. 精液的理化特性是什么？

3. 影响精液的环境因素有哪些？

4. 精液品质的检查方法有哪些？</td></tr>
<tr><td>制订计划</td><td colspan="4"></td></tr>
<tr><td rowspan="5">任务实施</td><td colspan="4">按照预先制订的工作计划，完成本任务，并记录任务实施过程</td></tr>
<tr><td>序号</td><td>完成的任务</td><td>遇到的问题</td><td>解决办法</td></tr>
<tr><td>1</td><td>通过书籍、互联网等工具，查阅并收集相关内容，了解相关知识</td><td></td><td></td></tr>
<tr><td>2</td><td>进行精液的感官和精子活力、密度、畸形率的评定，并做好记录</td><td></td><td></td></tr>
<tr><td>3</td><td>针对在完成活动中遇到的问题及解决情况进行总结</td><td></td><td></td></tr>
</table>

任务准备

知识准备

精液品质检查目的是鉴定精子品质的优劣，还可以确定配种负担能力，决定稀释倍数。精液品质反映了种公畜的饲养水平和种用价值，也可反映出精液处理的水平。将采取的精液迅速置于 38 ℃的温水中，防止低温对精子的打击。检查时动作迅速、准确，取样要有代表性。

一、精液外观性状检查

（一）采精量

采精后即可测出精液量的多少。猪、马的精液应用 4～6 层的消毒纱布过滤或离心处理，除去胶状物质后再读数。各种家畜的采精量都有一定范围，精液量差异，应及时查明原因，及时调整或治疗。

（二）颜色

精液一般为乳白色或灰白色，精子密度越大，精液的颜色越深。牛、羊的精液呈乳白或乳黄，有时呈淡黄色；马、猪的精液为淡乳白或灰白色。如果精液颜色异常属不正常现象，若精液呈红色说明混有鲜血，精液呈褐色很可能混有陈血，精液呈淡黄色则是混有脓汁或尿液。颜色异常的精液应废弃，立即停止采精，查明原因并及时治疗种公畜。

（三）气味

正常精液略带有腥味，牛、羊精液除具有腥味外，另有微汗脂味。气味异常多伴有颜色的变化。

（四）云雾状

牛、羊的精液精子密度大，放在玻璃容器中观察，精液呈上下翻滚状态，像云雾一样，称为云雾状。这是精子运动活跃的表现。云雾状明显可用“+++”表示，“++”较为明显，“+”表示不明显。

二、精子活力检查

精子活力又称活率，是指精液中做直线运动的精子占整个精子数的百分比。活力是精液检查的重要指标之一，在采精后、稀释前后、保存和运输前后、输精前都要进行检查。

（一）检查方法

检查精子活力需借助显微镜。放大 200～400 倍，把精液样品放在镜下观察。

（1）平板压片法：取一滴精液于载玻片上，盖上盖玻片，放在镜下观察。此法简单、操作方便，但精液易干燥，检查应迅速。

（2）悬滴法：取一滴精液于盖玻片上，迅速翻转使精液形成悬滴，置于凹玻片的凹窝内，即制成悬滴玻片。此法精液较厚，检查结果可能偏高。

（二）评定

评定精子活力方法有“五级评分制”和“十级一分制”。多采用“十级一分制”，如果精液中有 80% 的精子做直线运动，精子活力计为 0.8；如有 50% 的精子做直线前进运动，活力计为 0.5，以此类推。评定精子活力的准确度与经验有关，具有主观性，检查时要多看几个视野，取平均值。

牛、羊及猪的浓份精液精子密度较大，为观察方便，可用等渗溶液如生理盐水等稀释后再检查。

温度对精子活力影响较大，为使评定结果准确，要求检查温度在 37℃左右，需用有恒温装置的显微镜。

三、精子的密度检查

精子密度是指单位体积（1 mL）精液内所含有精子的数目。精子密度大，稀释倍数高，进而增加可配母畜数，是评定精液品质的重要指标。

（一）估测法

估测法通常结合精子活力检查来进行，根据显微镜下精子的密集程度，把精子的密度大致分为密、中、稀三个等级，这种方法能大致估计精子的密度，主观性强，误差较大。

（二）血细胞计数法

用血细胞计数法定期对公畜的精液进行检查，可较准确地测定精子密度。

血细胞计数室中有一块计算板和红、白细胞吸管。计数板上有 2 个计算室，每个计算室有 25 个中方格，每个中方格分为 16 个小方格。计算室边长是 1 mm，高度为 0.1 mm，为一正方形。红细胞吸管能对精液进行 100 或 200 倍的稀释，适合于牛、羊精液检查；白细胞吸管能对精液进行 10 倍或 20 倍的稀释，适合于猪和马的精液检查。

为保证检查结果的准确性，在操作时要注意：滴入计算室的精液不能过多，否则会使计算室高度增加；检查中方格时，要以精子头部为准，为避免重复和漏掉，对于头部压线的精子采“上计下不计，左计右不计”的办法；为了减少误差，应连续检查两次，求其平均值。如两次差异较大，要求做第三次。

（三）光电比色法

此方法普遍应用于牛、羊精子的密度测定。此法快速、准确、操作简便。其原理是根据精液透光性的强弱来测量精子的密度，精子密度越大，透光性就越差。

事先将原精液稀释成不同倍数，用血细胞计数法计算精子密度，从而制成精液密度标准管，然后用光电比色计测定其透光度，根据透光度求每相差 1% 透光度的级差精子数，编制成精子密度对照表备用。测定精液样品时，将精液稀释 80～100 倍，用光电比色计测定其透光值，查表即可得知精子密度。

四、精子形态检查

精子形态正常与否和与受精率有着密切关系。如果精液中含有大量畸形精子和顶体异常精子，则受精能力就会降低。

（一）精子畸形率

精液中形态不正常的精子称为畸形精子，精子畸形率是指精液中畸形精子数占总精子数的百分比。畸形精子各种各样，一般可分为头部畸形、颈部畸形、中段畸形、主段畸形。在各种家畜的正常精液中，精子畸形率一般不超过 20%，牛不得超过 18%，水牛不超过 15%，羊不超过 14%，猪不超过 18%，否则不能用于输精。一般检查方法是将精液做成切片进行染色，在显微镜下观察计数。

（二）精子顶体异常率

精子的正常顶体内含有多种与受精有关的酶类，在受精过程中起着重要的作用，因此，精子顶体正常与否是和精子存活、受精能力有密切的关系。顶体异常有顶体膨胀、缺损、部分脱落、全部脱落等。在正常情况下，牛的顶体异常率不超过 5.9%，猪不超过 2.3%。如顶体异常率显著增加，牛超过 14%，猪超过 4.3%，会直接影响受精率。新鲜精液经过保存或低温打击，精子的顶体异常率显著增加，牛为 14.1%，猪为 4.3%；精液经过冷冻后变化更大，牛为 40%，猪为 45%。

工具准备

显微镜、恒温载物台、载玻片、盖玻片、镊子、烧杯、细管、剪刀、精液、书籍资料等。

人员准备

任务角色	任务内容
组长：	任务：
组员 1：	任务：
组员 2：	任务：
组员 3：	任务：
组员 4：	任务：
组员 5：	任务：

任务实施

（1）分组研讨，精液品质评定的准备工作有哪些？

（2）分组讨论，影响精子的外界因素有哪些？

（3）分组讨论，精子质量评定方法有哪些？

（4）在老师的组织下，进行精子品质评定，并做好记录。

任务检测

请扫码答题。

任务评价

任务评价表

班级：__________　　组别：__________　　姓名：__________

项目	评分标准	分值	自我评价	小组评价	教师评价
任务实施完成情况	相关内容收集完成度	—			
	实训记录翔实度	—			
	分组讨论成果	—			
知识技能	了解精液的组成和理化特性	10			
	掌握精子的形态结构	10			
	掌握外界环境对精子的影响因素	10			
	掌握精液的感官评定方法	10			
	掌握精液的活力、密度、畸形率的评定方式	10			

（续表）

项目	评分标准	分值	自我评价	小组评价	教师评价
任务进度	提前完成 10 分，正常完成为 7～9 分，超时完成为 3～6 分，未完成为 0～2 分	10			
任务质量	整体效果很好为 10 分，较好为 7～9 分，一般为 3～6 分，较差为 0～2 分	10			
素养表现	遵守实验室规定，操作文明、安全	5			
	严格执行操作程序，爱惜公共财产	5			
思政表现	实事求是的工作态度	10			
	认真负责的工匠精神	10			
合计		100			
自我评价与总结					
教师点评					

任务三　稀释精液

任务导入

精液稀释可以增加精液的容量，扩大配种头数，可以补充精子代谢所需要的营养物质，缓冲酸碱度，延长精子存活时间。某牧场一头荷斯坦种公牛一次采得鲜精 9 mL，经检查，精子活力为 0.7，密度是每毫升 11 亿个。如为母牛输精时要求有效精子数不少于 3 000 万个，输精量为 0.25 mL。请同学们根据上述数据确定稀释倍数以及可制作细管冻精的支数。

任务工单

班级：__________　姓名：__________　学号：__________

任务名称	稀释精液
任务描述	根据实际情况，填写本任务的内容、目的、流程和方法。 任务内容：__________ 任务目的：__________ 任务流程：__________ 任务方法：__________
获取信息	要完成任务，需要掌握相关的知识。请收集资料，回答以下问题。 1. 精液稀释的目的是什么？ 2. 稀释液的配方有哪些？ 3. 精液稀释的方法有哪些？
制订计划	

（续表）

任务实施	按照预先制订的工作计划，完成本任务，并记录任务实施过程			
	序号	完成的任务	遇到的问题	解决办法
	1	通过书籍、互联网等工具，查阅并收集相关内容，了解相关知识		
	2	分组研讨精液稀释有哪些准备工作		
	3	分组讨论稀释液的配置方法		
	4	分组讨论稀释液的配置原则是什么		
	5	在老师的组织下，进行精液稀释，并做好记录		
	6	针对在完成活动中遇到的问题及解决情况进行总结		

任务准备

知识准备

一、精液稀释的目的

精液稀释能够扩大精液量，增加受配母畜头数；精液稀释通过向精液中添加营养物质和保护剂可延长精子在体外的存活时间；精液稀释便于精子保存和运输。

二、稀释液的种类

配制稀释液之前，应根据不同用途的精液选择配方。

（一）现用稀释液

采精后经稀释处理马上输精用。此类稀释液配方简单，只有一种或两种等渗液，如蔗糖或奶类，也可用生理盐水作为稀释液，稀释后精液不能进行保存。

（二）低温保存稀释液

用于精液低温保存的稀释液，须加入卵黄、牛奶等抗冷休克的一类物质。

（三）常温保存稀释液

用于精液常温保存的稀释液，以糖类和弱酸盐为主体，pH 值偏低。

（四）冷冻保存稀释液

适于精液的冷冻保存。该精液稀释液以卵黄、甘油为主体，具有抗冻的特点。

生产中选用何种稀释液，应根据不同用途、不同家畜进行综合判定。家畜种类不同，所用稀释液不同；精液的保存方式不同，稀释液不同。应选择来源广、成本低、效果好，配制易的稀释液。

牛冷冻液稀释液的配置方法如表 1-1-1 所示。

表 1-1-1　牛冷冻精液稀释液的配方

基础液	蔗糖	12 g	共 100 mL
	蒸馏水	100 mL	
第一液	基础液	80 mL	共 100 mL
	卵黄液	20 mL	
	青霉素	60 mg	
	链霉素	100 mg	
第二液	第一液	43 ml	共 50 mL
	甘油	7 mL	

三、稀释液的配制原则

配制稀释液时应注意以下 6 个问题。

（1）稀释液应现用现配，如配制后确需贮存的，经消毒、密封后放入冰箱中最多能保存 2～3 d。

（2）配制稀释液的器具，用前必须洗净并严格消毒，用稀释液冲洗后才能使用。

（3）配制稀释液的蒸馏水要新鲜，最好现用现制。

（4）所用药品要纯净，一般使用化学纯制剂。药品称量要准确，经溶解、过滤、消毒后方能使用。

（5）卵黄要取自新鲜鸡蛋，抽取时尽量不要混入蛋清，待稀释液消毒冷却后加入。

（6）奶粉的颗粒比较大，溶解时先用等量蒸馏水调成糊状，然后加蒸馏水至需要量，用脱脂棉过滤后放入 90～95 ℃的水浴中加热 10 min。

四、精液的稀释方法

精液稀释应在采精后立即进行。迅速把精液置于 30 ℃的保温瓶中，以防温度的变化。稀释时将精液和稀释液同时放在 30 ℃的水浴锅内，稀释时把稀释液沿着精液容器的壁慢慢加入精液中，边加入边搅拌。如需高倍稀释，应先做 3～5 倍的低倍稀释，然后再高倍，以防稀释打击。

五、精液的稀释倍数

精液的稀释倍数过大，对精子存活不利且严重影响受胎率；稀释倍数过小，不能充分发挥精液的利用率。所以，应准确计算精液的稀释倍数。

精液稀释倍数应依据母畜每次受精所需的有效精子数、稀释液的种类等来确定。

公牛的精液一般进行 10～40 倍稀释；公猪的精液一般做 2～4 倍稀释。现以公牛精液稀释倍数的计算方法举例如下：

如一头荷斯坦种公牛一次采得鲜精 9 mL，经检查，精子活力为 0.7，密度是每毫升 11 亿个。如为母牛输精时要求有效精子数不少于 3 000 万个，输精量为 0.25 mL，本次采得的精液处理后能为多少头母牛输精？

工具准备

恒温水浴锅、烧杯、书籍资料等。

人员准备

任务角色	任务内容
组长：	任务：
组员 1：	任务：
组员 2：	任务：
组员 3：	任务：
组员 4：	任务：
组员 5：	任务：

任务检测

请扫码答题。

任务评价

任务评价表

班级____________ 组别：____________ 姓名：____________

项目	评分标准	分值	自我评价	小组评价	教师评价
任务实施完成情况	相关知识搜集完成度	—			
	实训记录翔实度	—			

（续表）

项目	评分标准	分值	自我评价	小组评价	教师评价
任务实施完成情况	分组讨论成果	—			
知识技能	了解精液稀释的目的	10			
	掌握精液稀释方法	10			
	学会熟练配置稀释液	10			
	学会确定精液稀释倍数	10			
	学会精液稀释的操作技术	10			
任务进度	提前完成为 10 分，正常完成为 7～9 分，超时完成为 3～6 分，未完成为 0～2 分	10			
任务质量	整体效果很好为 10 分，较好为 7～9 分，一般为 3～6 分，较差为 0～2 分	10			
素养表现	遵守实验室规定，操作文明、安全	5			
	清洁操作台面，器械清洁干净并摆放整齐	5			
思政表现	科学严谨的研究态度	10			
	认真负责的工匠精神	10			
合计		100			
自我评价与总结					
教师点评					

任务四 保存精液

任务导入

牛精液的冷冻保存技术于20世纪50年代研究成功，我国于1972年底对该技术进行研究和推广，80年代从国外引进了冷冻精液的设备和技术，90年代逐渐从颗粒型转向细管型。优良的种牛精液品质是种牛改良的关键，合理的精液冷冻与保存不仅能发挥优良的精液品质，同时也为人工授精技术的发展提供保障。

请同学们结合本任务知识，掌握精液保存的方法，并深入了解精液保存的意义，完成相应任务。

任务工单

班级：________________ 姓名：________________ 学号：________________

任务名称	保存公畜精液
任务描述	根据实际情况，填写本任务的内容、目的、流程和方法。 任务内容：________________ ________________ 任务目的：________________ ________________ 任务流程：________________ ________________ 任务方法：________________ ________________
获取信息	要完成任务，需要掌握相关的知识。请收集资料，回答以下问题。 1. 精液保存的意义是什么？ 2. 精液保存方式有哪些？
制订计划	

（续表）

任务实施	按照预先制订的工作计划，完成本任务，并记录任务实施过程			
	序号	完成的任务	遇到的问题	解决办法
	1	通过书籍、互联网等工具，查阅并收集相关内容，了解相关知识		
	2	分组研讨保存精液的准备有哪些		
	3	分组讨论精液常温、低温、冷冻保存的方法是什么		
	4	在老师的组织下，保存公畜精液，并做好记录		
	5	针对在完成活动中遇到的问题及解决情况进行总结		

任务准备

知识准备

精液稀释后即可进行保存，经保存可延长精子的存活时间，使用方便，也利于运输。

现行的精液保存方式有三种，即常温（15～25 ℃）保存、低温（0～5 ℃）保存和冷冻（−196～−79 ℃）保存。常温和低温保存精液是液态，故称为液态保存。

一、精液常温保存

常温保存的温度为 15～25 ℃，温度允许有一定变动，所以又称为变温保存或室温保存。

常温保存所需设备简单，特别适合猪的精液保存。

（一）原理

常温保存是通过增加酸度降低精液的 pH 值来抑制精子的代谢活动，以减少其能量消耗。酸性在一定范围内是可逆抑制的，通常把 pH 值调整到 6.35 左右。为使稀释液的 pH 值达到所需范围，通常采取三种方法。

（1）向稀释液中充入二氧化碳，如伊利尼变温稀释液（IVT）。

（2）利用精子本身在代谢中产酸，自行调节 pH 值，如康奈尔大学稀释液（CUE）。

（3）向稀释液中加入有机酸，如乙酸稀释液（CME）。

（二）常温保存的稀释液

常温保存的稀释液除降低 pH 值使精子代谢减慢外，还可以给精子补充足够的养分，同时加入抗菌物质以抑制细菌的滋生。有的还在稀释液中加入缓冲物质，有的加入明胶以阻碍精子运动。

牛精液冷冻保存已十分普及，常温保存方式多不采用。马、绵羊精液常温保存效果较好。如果采用明胶稀释液，在 10～14 ℃下呈凝固状态保存，绵羊精液可保存 48 h 以上，马的精液可保存 120 h 以上，精子活力接近 0.5。猪的精液常温保存效果好。在精液稀释后，按一个输精量分装到特定的瓶（管）中，封口，贴好标签后放入保温瓶、水井或地窖内保存。保存时虽然允许温度为 15～25 ℃，可有一定变动，但应尽量相对地降低温度并维持恒定。

二、精液低温保存

低温保存是将精液稀释后，置于 0～5 ℃环境保存，保存时间较常温方式长，但公猪的精液不如常温保存效果好。

（一）原理

低温保存是通过降低温度，使精子的代谢活动减慢，当温度降至 0～5 ℃时，精子的代谢较弱，几乎处于休眠状态。此时精子的物质代谢和能量代谢均降到较低水平，废物累积减少，且此温度下不利微生物的繁殖，可达到保存目的。

（二）稀释液

在低温保存处理时，精子由于冷刺激易发生冷休克，故需使用含有卵黄的稀释液。

牛精液最初采用柠檬酸钠和卵黄等组成的稀释液，进行低温保存，这种稀释液配方简单，制作方便，保存时间可达 1 周左右。后来又陆续出现了许多含不同种类的奶、糖类稀释液，保存时间也在 7 d 左右，并且可以高倍稀释。

马、绵羊由于精液本身特性、季节配种的影响以及这方面研究工作不足等原因，采用低温保存效果不理想。绵羊精液可低温保存在 1 d 左右，马的精液保存也只有几天时间。

猪的浓份精液经离心后，虽在 5～10 ℃的低温下保存 3 d，且具有正常受胎率，但由于常温保存的效果更好，又不需低温设备，处理方法又简单，故一般都采用常温保存。

（三）方法

精液进行低温保存时，应采取逐步降温的方法，以防冷休克的发生。首先把稀释后的精液按照一个输精量（羊 10～20 个输精量）分装到一个小试管或玻璃瓶中，封口，包以数层棉花或纱布，最外层用塑料袋扎好，防止水分渗入。把包装好的精液放到 0～5 ℃的低温环境（冰箱）中，经过 1～2 h，精液即可降至 0～5 ℃。

在保存过程中，要维持温度的恒定，防止升温。如特殊情况或运输，可用广口保温瓶，在保温瓶中加七八成满的冰块，把包装好的精液放在冰块上，盖好，注意定期添加冰源。如无冰源可采用化学制冷法，在冷水中加入一定量的氯化氨或尿素，可使水温达到 2～4 ℃。

三、精液冷冻保存

精液冷冻保存是用液氮（−196 ℃）或干冰（−79 ℃）作为冷源，将精液处理后冷冻起来，达到长期保存的目的。精液冷冻保存是人工授精工作的一大进步，由于保存时间的延长，使精液的使用不受地区的限制，从而加快了家畜品种的育成和改良速度。

（一）精液冷冻保存的原理

精子在超低温下，其代谢几乎停止，以生命相对静止状态保存下来，当温度回升后，又能复苏且具有受精能力。精液在冷冻过程中为什么没有死亡，复苏后仍具有活力？对此科学工作者做过许多探索和解释，可谓众说纷纭，一直未有定论，其中比较公认的是玻璃化学说。

如果液体的温度迅速下降并越过某一区域，所形成的固体为玻璃态（分子无序排列，颗粒细小而均匀）。反之，当温度缓慢升高时，玻璃态先变成结晶态，再成为液体；如果快速升温，则玻璃态可跨越结晶态直接变为液体。结晶态（或冰晶化）是造成精子死亡的主要原因：其一，当精液冷冻时，精子外的水分先冻结。这种冻结并非同时，局部水分冻结后，把溶质排斥到没有冻结的那部分精液中，形成高渗液，由于精子内外渗透压差及冰和水表面蒸气压差的关系，使精子脱水，原生质变干而死亡；其二，由于水分冻结，产生冰晶，其体积增大且形状不规则，加之冰晶的扩展和移动，对精子产生机械压力，破坏精子原生质表层和内部结构，引起精子死亡。玻璃化使精子在超低温下，水分子保持原来无次序排列，呈现纯粹的超微颗粒结晶坚实的冻结团块。精子在玻璃化冻结状态下，不会出现原生质脱水，结构不发生变化，解冻后仍可恢复活力。

经试验证明，在 −60～0 ℃是冰晶形成的温度区域，而且在逐渐降温的条件下才会形成。降温越慢，冰晶形成越大，尤以 −25～−15 ℃为甚。玻璃化是在 −250～−60 ℃的低温区域内，经快速降温，迅速越过冰晶化而进入玻璃化阶段。

基于以上原理，在冷冻精液的制作和使用中，无论是升温还是降温，都必须采取快速超过对精子危害的冰晶化温区。尽管冷冻精液已制作成功并在生产中得以广泛应用，但仍达不到完全的玻璃化程度，在冷冻中有 30%～50% 的活精子死去。因此，向稀释液中添加抗冻物质，如甘油，以增强精子的抗冻能力，对防止冰晶化有重要作用。甘油浓度高时，对精子有危害作用，如伤害精子的顶体和颈部，使尾部弯曲，破坏某些酶类等，影响受胎，所以，应掌握甘油的用量。一般牛冷冻精液中甘油通常加入 5%～7%。除甘油外，其他多羟化合物如二甲基亚砜、三羟甲基氨基甲烷、糖类等都具有抗冻作用。

（二）精液冷冻程序

1. 采精及精液品质检查

精液冷冻的效果与精液的品质密切相关。做好采精的准备和操作，争取获得优质的精液。

2. 稀释精液

根据冻精的种类、分装剂型及稀释倍数的不同，精液的稀释方法也不尽相同，现生产中多采用一次或两次稀释法。

（1）一次稀释法。将含有甘油、卵黄等的稀释液按一定比例加入精液中，适合于低倍稀释。

（2）两次稀释法。为避免甘油与精子接触时间过长而造成的危害，采用两次稀释法较为合理。首先用不含甘油的稀释液（第一液）对精子进行最后稀释倍数的半倍稀释，然后把该精液连同第二液一起降温至 0～5 ℃（全程 1 h 左右），并在此温度下做第二次稀释。

3. 降温平衡

采用一次稀释法，由于稀释温度为 30 ℃，需经 1～2 h 缓慢降温至 0～5 ℃，以防稀释打击。

平衡是降温后，把稀释后的精液放置在 0～5 ℃的环境中停留 2～4 h，使甘油充分渗入精子内部，起到抗冻作用。

4. 精液的分装

一般采用颗粒、细管和安瓿瓶的分装方法。

（1）颗粒冻精。将精液滴冻在经液氮制冷的金属网或塑料板上，冷冻后制成 0.1 mL 左右的颗粒。颗粒冻精曾广泛应用于牛，现多用于马、绵羊及野生动物的冻精剂型，具有成本低、制作方便等优点，但不易标记、解冻麻烦、易受污染。

（2）细管冻精。把平衡后的精液分装到塑料细管中，细管的一端塞有细线或棉花，其间放置少量聚乙烯醇粉（吸水后形成活塞），另一端封口，冷冻后保存。细管的长度约 13 cm，容量有 0.25 mL、0.5 mL 和 1.0 mL。现生产中牛的冻精多用 0.25 mL 剂型。细管冻精具有不受污染、容易标记、易贮存、适于机械化生产等特点，是最理想的剂型。

（3）安瓿瓶冻精。用硅酸盐硬质玻璃制成的安瓿瓶盛装精液，用酒精灯封口，剂量为 0.5 mL 或 1.0 mL。安瓿瓶冻精虽剂量准确、不污染、易标记，但体积大、贮存不便、易爆破。所以，现实生产中已不多用。

5. 冻结

（1）干冰埋植法。适合于小规模生产及液氮缺乏地区。

①颗粒冷冻：把干冰置于木盒中，铺平压实，用预先做好的模板在干冰上压出直径 0.5 cm、深 2～3 cm 的小孔，用滴管将平衡后的精液 0.1 mL 左右滴入孔内，覆以干冰，2～4 min 后，收集冻精保存。

②细管冻精冷冻：将分装的冻精平铺于压实的干冰上，并迅速用干冰覆盖，

2～4 min 取出贮存于干冰或液氮中。

（2）液氮法。

①颗粒冻精：在广口液氮桶上安装铜纱网，调至距液氮面 1～3 cm，预冷几分钟后，使纱网附近温度达 −100～−80 ℃，将精液均匀地滴在铜纱网上，2～4 min 后，待精液颗粒充分冻结，颜色变浅发亮时，用小铲轻轻铲下颗粒冻精，每 50～100 粒装入一个纱布袋中，沉入液氮保存。

②细管冻精：除按上述方法对细管进行熏蒸冷冻外，也可采用液氮浸泡法。把分装好的精液细管平铺于特制的细管架上，放入盛装液氮的液氮柜中浸泡，盖好，5 min 后取出保存。这种方法启动温度低，冷冻效果好。

6. 冻精解冻

冻精解冻是验证精液冷冻效果的一必要环节，也是输精前的必需的准备工作。方法有低温冰水（0～5 ℃）解冻、温水（37～40 ℃）解冻和高温（50～70 ℃）解冻等。实践证明，温水解冻法特别是 37 ℃的温水解冻效果最好。

细管冻精、安瓿瓶冻精，在解冻时可直接投放在温水中，待冻精一半融化即可取出备用。

颗粒冻精解冻时需预先准备解冻液。牛用解冻液常用 2.9% 的柠檬酸钠。解冻时取一小试管，加入 1 mL 解冻液，放在盛有温水的烧杯中，当与水温相同时，取 1 粒冻精于小试管内，轻轻摇晃使其融化。

解冻后进行镜检并观察精子活力，活力在 0.3 以上才能用于输精。

药品和工具准备

牛鲜精液、葡萄糖、鸡蛋、甘油、青霉素、链霉素、蒸馏水、75%酒精[①]、柠檬酸钠等有关药品，液氮罐、液氮桶、保温瓶、铝饭盒、滴管、烧杯、三角烧瓶、温度计、塑料细管、漏斗、天平、显微镜、镊子、氟板、量杯、量筒、纱布、棉花、盖玻片、载玻片、书籍资料等。

人员准备

任务角色	任务内容
组长：	任务：
组员 1：	任务：
组员 2：	任务：
组员 3：	任务：
组员 4：	任务：
组员 5：	任务：

① 酒精是乙醇的俗称，是一种有机化合物。为在常温下易燃、易挥发的无色透明液体，呈低毒性，可用作燃料、溶剂、消毒剂。

任务检测

请扫码答题。

任务评价

任务评价表

班级：__________ 组别：__________ 姓名：__________

项目	评分标准	分值	自我评价	小组评价	教师评价
任务实施完成情况	相关知识收集完成度	—			
	实训记录翔实度	—			
	分组讨论成果	—			
知识技能	了解精液保存原理	10			
	掌握精液低温保存的方法	10			
	掌握精液常温保存的方法	10			
	掌握精液冷冻保存的方法	10			
	冻精解冻程序	10			
任务进度	提前完成为 10 分，正常完成为 7～9 分，超时完成为 3～6 分，未完成为 0～2 分	10			
任务质量	整体效果很好为 10 分，较好为 7～9 分，一般为 3～6 分，较差为 0～2 分	10			
素养表现	遵守实验室规定，操作文明、安全	5			
	清洁操作台面，器械清洁干净并摆放整齐	5			
思政表现	科学严谨的研究态度	10			
	认清差距、追赶超越的职业精神	10			
合计		100			
自我评价与总结					
教师点评					

项目二 鉴定母畜的发情

项目导读

随着养殖业集约化、规模化发展，家畜繁殖性能的高低将直接决定养殖场的经济效益和发展前途。其中，家畜的繁殖性能受发情检出率、受孕率、妊娠率和产犊间隔等多种因素的影响。其中，发情检出率是其他因素的先决条件。发情鉴定是为输精提供最佳时机、提高繁殖效率、降低养殖成本。准确判断发情时期能够显著降低配种失败率及空怀率，提高家畜的受孕率、产犊率等，因此掌握科学准确的家畜发情鉴定方法就变得尤为重要。为更好地应用发情鉴定技术与发情控制技术，则需要掌握雌性动物的生殖器官构造和机能、卵泡的发育规律、雌性动物的发情生理及生殖激素对发情的调节等相关知识。

学习目标

知识目标

（1）掌握不同种家畜雌性生殖器官的组成和主要生理功能。

（2）充分了解家畜所有发情鉴定的方法。掌握各种不同的家畜常用的发情鉴定方法。

（3）了解生殖激素的作用特点以及各种生殖激素的生理功能。

（4）了解发情控制的机制。

技能目标

（1）掌握各种母畜生殖器官的形态、位置。

（2）掌握牛、羊和猪的发情鉴定方法。

思政目标

（1）教育引导学生树立坚定的专业目标，培养学生的专业志趣，不断激发学生的报国志向，塑造职业情怀。

（2）树立安全意识。熟知家畜保定工作安全常识，保障个人人身安全。

（3）把马克思主义立场观点方法的教育与科学精神的培养结合起来，培养学生探索未知、追求真理、勇攀科学高峰的责任感和使命感。

任务一　鉴定母牛的发情

任务导入

在走访学院实习牧场过程中，可以从基础母牛扩群项目执行情况中发现，受技术因素的制约，繁育场母牛受配率、受胎率等偏低，这与是否在最佳配种时间进行配种有很大关系，发情鉴定技术亟待改进提高。

请你根据现有条件，结合本任务知识，掌握母牛发情鉴定等相关内容，并深入了解相关概念和技术流程，完成相应任务。

任务工单

班级：________　姓名：________　学号：________

<table>
<tr><td>任务名称</td><td>鉴定母牛发情</td></tr>
<tr><td>任务描述</td><td>根据实际情况，填写本任务的内容、目的、流程和方法。
任务内容：________
任务目的：________
任务流程：________
任务方法：________</td></tr>
<tr><td>获取信息</td><td>要完成任务，需要掌握相关的知识。请收集资料，回答以下问题。
1. 雌性动物生殖器官组成及主要生理功能有哪些？
2. 生殖激素分类及应用有哪些？
3. 简述雌性动物的发情生理。
4. 卵泡发育及排出过程有哪些？</td></tr>
</table>

（续表）

制订计划				
任务实施	按照预先制订的工作计划，完成本任务，并记录任务实施过程			
	序号	完成的任务	遇到的问题	解决办法
	1	通过书籍、互联网等工具，查阅并收集相关内容，了解相关知识		
	2	分组研讨母牛的发情鉴定准备工作有哪些		
	3	分组研讨母牛的发情生理		
	4	分组讨论发情鉴定的方法有哪些		
	5	实训操作，在老师的组织下，进行母牛的发情鉴定，并做好记录		
	6	针对在完成活动中遇到的问题及解决情况进行总结		

任务准备

知识准备

一、母畜的发情

发情是指母畜生长发育到性成熟阶段时所表现的周期性性活动现象。发情的实质是母畜的卵巢上，卵泡经历出现、生长、发育、成熟、破裂的过程。外部特征是母畜有性欲表现和生殖道发生一系列的变化。如母畜后肢叉开，尾巴举起，呈现接受交配的姿势；外阴部肿胀、充血，阴道中有黏性分泌物排出等。

（一）母畜性机能的发育阶段

所有母畜要经历性机能发育的发生、发展、衰退、停止的过程，而整个过程一般可分为初情期、性成熟期、配种适龄期、繁殖机能停止期。

1. 初情期

母畜的初情期是母畜初次出现发情现象的时期，这时生殖器官迅速发育，开始有繁殖后代的机能。初情期是促性腺激素活动增强、性腺的类固醇激素生成和配子发生能力增加的结果。但此时生殖器官还未充分发育，性机能也不完全，因此，此时不适宜配种。

一般家畜初情期与体重的关系比年龄更为密切。如奶牛达到初情期时的体重是其成年体重的30%～40%，而肉牛是其成年体重的45%～50%，绵羊为40%～63%。生长速度会影响达到初情期的年龄。良好的饲养能促进生长，提早初情期；饲养较差则生长缓慢，推迟初情期。但是，猪的初情期与年龄的关系较之体重更为密切。

2. 性成熟期

初情期后，促性腺激素分泌水平进一步提高，其周期性释放脉冲的幅度和频率都增加，足以使生殖器官及生殖机能达到成熟阶段，生殖器官发育完全，具有协调的生殖内分泌，表现完全的发情征状、排出能受精的卵母细胞以及有规律的发情周期，具有繁衍后代的能力，这个年龄阶段就称为性成熟。但此时母畜身体生长发育尚未完成，不宜配种，以免影响母体的继续生长发育和胎儿的初生体重。然而小动物如兔等到初情期时通常已达性成熟。

3. 配种适龄期

性成熟再经过一段时间的发育，当机体各器官、组织发育基本完成，并且具有本品种固有的外貌特征，一般体重达到成年体重的70%左右，此时可以参加繁殖配种，这时称为配种初适龄，此时妊娠不会影响母体和胎儿的生长发育。

4. 繁殖机能停止期

母畜至年老时，发情终止，卵巢机能停止，不再排卵，此时称为繁殖机能停止期。如奶牛繁殖机能停止的年龄可达15岁以上，但在11岁左右其泌乳量明显下降，应及时淘汰。

（二）母畜的发情

母畜达到性成熟后，在生殖激素的调节下，伴随着卵巢上卵泡的发育，母畜所出现的一系列生理和行为上的变化，这些变化称为发情。完整的发情通常有以下3个方面的变化。

1. 母畜的精神兴奋

发情母畜表现为精神兴奋、鸣叫不安、食欲下降、泌乳量下降、频频做排尿状、尾根举起或摇动。

2. 有求偶表现

各种母畜在发情高潮到来时，都有强烈的交配欲望，主动接近公畜，静立接受交配，后腿撑开、举尾，或嗅闻公畜等。畜种之间有些不同的行为表现，我国地方母猪在发情高潮到来时，常常跳越猪栏，寻找公猪。

3. 生殖系统发生一系列的变化

发情母畜表现为卵巢上有卵泡发育并成熟排卵；外阴部、阴蒂和阴道上皮充血；来自子宫颈和前庭分泌的黏液增多，流至阴门外；子宫颈松弛等。牛阴道中有像鸡蛋清的黏液流出。

在一个发情期中，性欲有不同程度上的变化。初发情时，性欲的表现不太明显，或爬跨其他母畜而不接受其他母畜的爬跨，以后随着卵泡的发育，性欲加强，静立接受爬跨的姿态十分明显。排卵后，性欲逐渐减弱，直至消失而不再允许公畜接近。

二、发情周期和发情持续期

（一）母畜的发情周期

雌性动物初情期以后，卵巢出现周期性的卵泡发育和排卵，并伴随着生殖器官及整个机体发生一系列周期性生理变化，这种变化周而复始（非发情季节及怀孕期间除外），一直到性机能停止活动的年龄为止，这种周期性的性活动称为发情周期。发情周期的计算，一般是指从一次发情开始到下一次发情开始的间隔时间。一般为：马、牛、猪和山羊平均为 21 d，绵羊为 17 d。在动物发情周期中，根据机体所发生的一系列生理变化，可分为几个阶段，一般多采用四期分法和二期分法来划分发情周期阶段。

1. 四期分法

根据发情周期中母畜生殖器官的变化和性欲表现，将发情周期划分为：发情前期、发情期、发情后期、休情期。

（1）发情前期。这是卵泡发育的准备时期。此期的特征是：上一个发情周期所形成的黄体进一步退化萎缩，卵巢上开始有新的卵泡生长发育；雌激素也开始分泌，使整个生殖道血液供应量开始增加，引起毛细血管扩张伸展，渗透性逐渐增强，阴道和阴门黏膜有轻度充血、肿胀；子宫颈略微松弛，子宫腺体略有生长，腺体分泌活动逐渐增加，分泌少量稀薄黏液，阴道黏膜上皮细胞增生，但尚无明显性欲表现。

（2）发情期。这是雌性动物性欲达到高潮的时期。此期特征是：愿意接受雄性交配；卵巢上的卵泡迅速发育，雌激素分泌增多，强烈刺激生殖道，使阴道及阴门黏膜充血肿胀明显；子宫黏膜显著增生，子宫颈充血，子宫颈口开张，子宫肌层蠕动加强，腺体分泌增多，有大量透明稀薄黏液排出。多数母畜在发情期的末期排卵。

（3）发情后期。这是排卵后黄体开始形成时期。此期特征是：雌性动物由性欲激动逐渐转入安静状态，卵泡破裂排卵后雌激素分泌显著减少，黄体开始形成并分泌孕酮作用于生殖道，使充血肿胀逐渐消退；子宫肌层蠕动减弱，腺体活动减少，黏液量少而稠，子宫颈管逐渐封闭，子宫内膜逐渐增厚，阴道黏膜增生的上皮细胞脱落。

（4）休情期。休情期又称间情期，是黄体活动时期。此期特征是：雌性动物性欲已完全停止，精神状态恢复正常。休情期的前期，黄体继续发育增大，分泌大量孕酮作用于子宫，使子宫黏膜增厚，表层上皮呈高柱状，子宫腺体高度发育并增生，大而弯曲且分支多，分泌作用加强，其作用是产生子宫乳供胚胎发育所需营养。如果卵子受精，这一阶段将延续下去，动物不再发情。如未孕则进入休情期，在休情后期，增厚的子宫内膜回缩，呈矮柱状，腺体缩小，腺体分泌活动停止，周期黄体也开始退化萎缩，卵巢有新的卵泡开始发育，又进入下一次发情周期的前期。

2. 二期分法

根据发情周期中，卵巢上卵泡的发育和黄体的退化，可将发情周期划分为卵泡期和黄体期。

（1）卵泡期。卵泡期是指黄体进一步退化，卵泡开始发育直到排卵为止。卵泡期实际上包括发情前期和发情期两个阶段。

（2）黄体期。黄体期是指从卵泡破裂排卵后形成黄体，直到黄体萎缩退化为止。黄体期相当于发情后期和休情期两个阶段。

（二）发情持续期

发情持续期是指母畜从一次发情开始到发情结束所持续的时间。各种家畜的发情持续期为：牛 1～2 d，猪 2～3 d，羊 1～1.5 d，马 4～7 d。由于季节、饲养管理状况、年龄及个体条件的不同，家畜发情持续期的长短也有所不同。

三、发情季节

季节变化是影响雌性动物生殖活动特别是发情周期的重要环境因素，它可通过神经系统发生作用。有些动物如马、绵羊、骆驼、狗及猫等，一年中仅见于一定时期才表现发情，这一时期称为发情季节，只有在发情季节期间才能发情排卵。马、驴、绵羊及骆驼在发情季节有多次发情，称为季节性多次发情动物。犬的发情季节为春、秋两季，而每个发情季节，只有一次发情周期。因此，称为季节性单次发情动物。特种经济动物如水貂每年 2—3 月发情配种，貉每年立春至春分期间发情配种。

四、乏情、产后发情和异常发情

（一）乏情

乏情是指已达初情期的雌性动物不发情，或卵巢无周期性机能活动，处于相对静止状态。乏情多属于一种生理现象，而不是由疾病引起，称为生理性乏情。乏情的类型有很多，如季节性乏情、泌乳性乏情、营养性乏情、应激性乏情、衰老性乏情、妊娠期乏情、生殖疾病乏情等 。

1. 季节性乏情

动物在进化过程中形成了在适宜环境的季节繁殖现象。在非繁殖季节，卵巢卵泡无周期性活动而生殖道无周期性变化。季节性乏情的时间因动物种类、品种和环境而异，如绵羊、马、骆驼比牛、猪及多数实验动物明显。骆驼、马、绵羊对光照长度敏感，母驼在冬至过后不久光照渐长时，即进入发情季节，卵巢中开始出现明显的卵泡周期循环；母马在短日照的冬季及早春出现乏情，此时卵巢小而硬，卵巢上无卵泡发育又无黄体存在，通过逐渐延长白昼光照的刺激，可使季节性乏情的母马重新合成和释放促性腺激素，促使发情。绵羊过了夏至光照渐短后不久开始发情，在乏情季节时人工缩短光照，可刺激母羊性腺活动而引起发情和排卵，使发情季节提早。因此，对有繁殖季节的动物，可以通过改变环境条件（如温度、光照等）使卵巢机能从静止状态转为活动状态，使发情季节提早到来。而注射促性腺激素，往往效果不理想。

2. 泌乳性乏情

有些家畜在产后泌乳期间，由于卵巢周期性活动机能受到抑制而引起的不发情。泌乳乏情的发生和持续时间，因畜种和品种不同而有很大差异。母猪在哺乳期间，发情和排卵受到抑制。因此，在正常的情况下母猪是在仔猪断奶后才发情。母牛在产后 2 周左右就可出现发情和排卵，但因哺乳和挤乳方法不同而有所差异，如挤乳乳牛在产后 30～70 d 就表现发情，而哺乳的黄牛和肉牛在产后往往需要 90～100 d 或更长时间才能发情。每天挤乳多次比每天挤乳两次的母牛出现发情时间要延长。母绵羊泌乳期乏情持续 5～7 周，而大部分母羊要在羔羊断奶后 2 周左右才发情。雌性动物的分娩季节、哺乳仔数和产后子宫复原的程度，对乏情的发生和持续时间也有影响，如春季分娩的母牛，乏情期较短，高产乳牛或哺乳仔数多的，乏情期一般要长。

3. 营养性乏情

日粮中营养水平对卵巢机能活动有明显的影响。营养不良会抑制发情，且青年母畜比成年母畜影响更大。如能量水平过低，矿物质、微量元素和维生素缺乏都会引起哺乳母牛和断奶母猪乏情；放牧母牛和绵羊缺磷引起卵巢机能失调，饲料缺锰可导致青年母猪和母牛卵巢机能障碍，缺乏维生素 A 和维生素 E 会出现性周期不规则或不发情。

4. 应激性乏情

不同环境引起的应激，如气候恶劣、畜群密集、使役过度、栏舍卫生不良、长途运输等都可抑制发情排卵及黄体功能，这些应激因素可使下丘脑－垂体－卵巢轴的机能活动转变为抑制状态。

5. 衰老性乏情

动物因衰老使下丘脑－垂体－性腺轴的功能减退，导致垂体促性腺激素分泌减少，或卵巢对激素的反应性降低，不能激发卵巢机能活动而表现不发情。

（二）产后发情

产后发情是指雌性动物分娩后的第一次发情。在良好的饲养管理、气候适宜、哺乳时间短以及无产后疾病的条件下，产后出现第一次发情时间就相对早一些，反之就会推迟。

母猪一般在分娩后 3～6 d 发情，但不排卵，在仔猪断奶后 1 周左右，出现第一次正常发情，卵巢上有发育成熟的卵泡并排卵。

母牛在产后 25～30 d 排卵但发情征状不明显，一般在产后 40～50 d 正常发情，但本地耕牛特别是水牛一般产后发情还要晚一些。

绵羊在产后 20 d 左右发情但征状不明显，大多数母羊在产后 2～3 个月发情。

母马产驹 6～12 d 发情，一般发情征状不明显甚至无发情表现，但卵巢上有卵泡发育成熟并排卵，配种可受胎，称“配血驹”。可在产后第五天进行试情，第七天进行直肠检查，若有成熟卵泡即可配种。

母兔在产后 1～2 d 就有发情，卵巢上有卵泡发育成熟并排卵。

（三）异常发情

常见的异常发情有安静发情、短促发情、断续发情、持续发情、孕后发情等。

1. 安静发情

安静发情又称静默发情或隐性发情，是指雌性动物发情时缺乏发情外表征状，但卵巢上有卵泡发育成熟并排卵。常见于产后带仔母牛或母马产后第一次发情，每天挤奶次数过多和体质衰弱的母牛以及青年动物或营养不良的动物。引起安静发情是由于体内有关激素分泌失调所致，例如雌激素分泌不足，发情外表征状就不明显；促乳素分泌不足或缺乏，促使黄体早期萎缩退化。由于孕酮分泌不足，降低了下丘脑中枢对雌激素的敏感性。绵羊在发情季节的第二个发情周期的安静发情发生率较高，显然是与缺乏前一周期的黄体有关。由于孕酮分泌量不足，降低了中枢神经系统对雌激素的敏感性。而在繁殖季节结束时产生的安静发情可能与缺乏雌激素有关。对安静发情可以通过直肠检查卵泡发育情况来发现，如能及时配种也可正常受胎。

2. 短促发情

短促发情指动物发情持续时间短，如不注意观察，往往错过配种时机。短促发情多发生于青年家畜，乳牛发生率较高。其原因可能是神经－内分泌系统的功能失调，发育的卵泡很快成熟破裂排卵，缩短了发情期，也可能是由于卵泡突然停止发育或发育受阻而引起。

3. 断续发情

断续发情是指雌性动物发情期延续很长，且发情时断时续。多见于早春或营养不良的母马，其原因是卵泡交替发育，先发育的卵泡中途发生退化，新的卵泡又再发育。因此，产生了断续发情的现象。当其转入正常发情时，就有可能发生排卵，配种也可能受胎。

4. 持续发情

持续发情是慕雄狂的一种症状。常见于牛和猪，马也可能发生。表现为持续强烈的发情行为，发情周期不正常，发情期长短不规则，经常从阴户流出透明黏液，阴户浮肿、荐坐韧带松弛，同时尾根举起，配种不受胎。患慕雄狂的母牛，表现为极度不安，大声哞叫，频频排尿，追逐爬跨其他母牛，产奶量下降，食欲减退，身体消瘦，皮毛粗乱失去光泽，母牛往往具有雄性特征，如颈部肌肉发达，短而粗壮似公牛，阴门肿胀。患慕雄狂的母马易兴奋，性烈难以驾驭，不让其他母马接近，也不接受交配，发情持续时间 10～40 d 而不排卵，一般在早春配种季节刚刚开始时容易发生。

5. 孕后发情

孕后发情又称妊娠发情或假发情，是指动物在怀孕期仍有发情表现。母牛在怀孕最初三个月内，常有 3%～5% 的母牛发情，绵羊孕后发情率可达 30%，孕后发情发生的主要原因是由于激素分泌失调，即妊娠黄体分泌孕酮不足，而胎盘分泌雌激素过多所致。母牛有时也因在怀孕初期，卵巢上仍有卵泡发育，致使雌激素含量过高而引起发情，并常造成怀孕早期流产，称为“激素性流产”。

五、卵泡的发育和排卵

母畜在发情周期中，卵巢经历着卵泡的生长、发育、成熟、破裂、排卵等一系列变化过程。

（一）卵泡的生长

在发情前 2～3 d，卵泡发育很快，卵泡内膜增厚。在发情期中，随着发情期的进展，卵泡液不断增多，而使卵泡容积更加增大，如泡壁变得菲薄，卵泡部分突出于卵巢表面。卵子被颗粒层细胞所包围而形成“卵丘”，并与卵泡壁的颗粒层细胞相连接，直到排卵时，卵泡壁破裂，卵丘细胞和卵泡壁的颗粒层细胞脱离，卵子随周围的卵丘细胞一并排出。不同畜种，卵泡的发育规律也不同。

（二）排卵

成熟卵泡破裂，释放出卵子的过程，被称为排卵。排卵率（一次发情中 2 个卵巢排出的卵子数）在不同家畜之间差异很大，牛、马、驴一般每次只排一个卵子，个别也有排 2 个的，母猪则能排 10～25 个。在多胎动物中，如去掉一个卵巢，则剩下的卵巢能增加其排卵数目，但排卵数一般不超过 2 个卵巢所产生的总数。

1. 动物排卵的类型

根据动物排卵的特点和黄体的功能，排卵可分两种类型。

（1）自发性排卵。卵泡成熟后便自发排卵和自动形成黄体。这种类型又有两种情况：一是发情周期中黄体的功能可以维持一定时期，且具有功能性，如牛、猪、马、羊等属于这种类型；二是除非交配，否则形成的黄体是没有功能性的，老鼠属于这种类型。如未交配，则发情周期很短（5 d），如交配而未孕，则较长（12 d）。

（2）诱发性排卵。即通过交配或子宫颈受到某些刺激才能排卵。在发情季节中，卵泡有规律地成熟和退化，如交配，随时都有成熟的卵泡可排卵。兔、猫、骆驼等动物属于这种类型。

以上两种排卵类型都和促黄体素（Luteinizing Hormone, LH）的作用有关，但其作用的途径不同。自发性排卵的动物，LH 作用是周期性的，不决定于交配的刺激，而是由神经内分泌系统的互相作用所激发的。诱发性排卵的动物，只有当子宫颈或阴道受到适当刺激后，神经冲动由子宫颈或阴道传到下丘脑的神经核，并于该处产生促性腺激素释放激素（Gonadotropin-Releasing Hormone, GnRH）沿着垂体门脉系统而到垂体前叶，刺激其分泌 LH。诱发性排卵没有类似自发性排卵动物的发情周期，在交配前几乎总是处于发情状态（2～3 d），继而有一段时间为乏情期。

2. 排卵的时间与排卵数

（1）排卵时间。家畜的排卵时间与种类、品种、个体、营养、环境等有关。一般情况下，家畜夜间排卵较白天多，右侧卵巢排卵较左侧多。家畜的排卵时间大致为：马在发情结束前 24～36 h 排卵，牛在发情停止后 8～12 h 排卵，羊在发情快结束前排卵，猪在发情停止前 8 h 左右排卵。

（2）排卵数。家畜的排卵数一般为牛、马等大型家畜 1～2 枚，绵羊 1～3 枚，山羊 1～5 枚，猪 10～40 枚。

六、牛的发情鉴定

牛的发情期较短，外部表现比较明显，因此母牛的发情鉴定最常用的方法是外部观察法，必要时结合直肠检查法进行。

1. 外部观察法

母牛的发情变化过程可以归纳如下。

（1）母牛发情初期，往往有公牛跟随，欲爬，但母牛不接受。母牛兴奋不安，食量减少，四处走动，反刍时间缩短，常鸣叫。此时阴道和子宫颈呈轻微的充血肿胀，流透明黏液，量少。

（2）随后母牛黏液逐渐增多，兴奋性增强，公牛或其他母牛跟随，但母牛尚不接受。子宫颈充血肿胀开口较大，流透明黏液量较多，黏性较强。

（3）到了发情期，经常有公牛爬跨，母牛很安定，食欲下降，甚至拒食，愿意接受，并经常由阴道流出透明黏液，牵缕性强。子宫颈呈鲜红色，明显肿胀发亮，开口较大。

（4）过了发情期之后，虽仍有公牛想爬，但母牛已稍感厌倦，不大愿意接受，此时流出的黏液稍混杂一些乳白色的丝状物，量较少，黏性减退，牵之成丝，不像发情盛期呈玻璃棒状。此后不久，黏液变成半透明，量较少，黏性较差，公牛跟逐，母牛已不愿意接受，公牛爬跨时，母牛往往走开。子宫颈的充血肿胀度逐渐减退，黏液变成乳白色，量少而干涩。以后母牛恢复常态，如果公牛跟随，母牛拒绝接受爬跨，表示发情已停止。

2. 直肠检查法

母牛的发情时，由于卵泡的发育，卵巢体积会增大，直肠检查时容易摸到。牛的卵泡发育可分为四期，各期特点如下。

第一期（卵泡出现期）：卵泡体积稍微增大，卵泡的直径为 0.50～0.75 cm，触诊时感觉卵巢上有一隆起的软化点；这一期持续 10 h。

第二期（卵泡发育期）：卵泡直径 1.0～1.5 cm，呈小球状，波动明显；这一期持续 10～12 h。

第三期（卵泡成熟期）：卵泡体积不再增大，但卵泡壁变薄，紧张性增强有一触即破的感觉；这一期持续 6～8 h。

第四期（排卵期）：母牛卵泡一般在兴奋消失后 10～15 h 开始破裂排卵。

本法适用于大动物，对牛、马为常用的方法。将手呈锥形伸进母畜直肠内，隔着直肠壁触摸卵巢上的卵泡发育程度，以便确定配种时期的方法。检查时要用指肚轻轻触诊卵泡的发育情况，切勿用力挤压，以免将发育中的卵泡挤破。该法的优点是对卵泡的发育程度判断得比较准确，可根据卵泡发育情况确定适宜的配种时间，同时还可进行妊娠诊断，以免给孕后发情母畜配种而引起流产。该法的缺点是，对操作者的熟练程度要求严格，应具有丰富的经验和娴熟的操作能力，才能保证发情鉴定的准确性。此外，操作时术者应注意卫生和消毒，注意人畜安全，防止人兽共患病（如布鲁氏菌病等）的传播和感染。

3. 涂蜡笔法

每天坚持对所有的牛只涂蜡笔，每天 1～2 次，以早晨为佳。部位：尾椎上面，从尾部到十字部；长 30～40 cm。涂抹：第一次涂时，需要反复涂 3～4 次，之后只需要反复 1～2 次以补充颜料，使其保持新鲜。对于鉴定为发情的牛只，做好记录和标记。在尻部两侧标记当天的日期。一是便于配种时找牛，二是便于第二天识别已经配过的牛只（有的牛会在第二天表现发情，或是发情晚期，或是发情盛期）。判定结果时要特别注意对被爬跨过和未被爬跨过但被舔舐的牛只尾部所涂蜡笔染料的区别。一些奶牛喜欢舔舐其他牛只，这种情况在新采用涂蜡笔的牧场非常普遍，另外青年牛也喜欢相互舔舐。奶牛被重达 600 kg 的其他奶牛爬跨后，毛发被重压，向下，压实。而舔舐后，毛发侧立，倒向一侧。

实习动物、药品和工具准备

母畜生殖器官标本、实习母牛、家畜保定栏或保定架、保定绳、阴道开膣器、手电筒、水盆、毛巾、75% 酒精棉球、1%～2% 来苏尔溶液、0.1% 新洁尔灭（苯扎溴铵）溶液、液体石蜡、肥皂、诱导发情药剂、书籍资料等。

人员准备

任务角色	任务内容
组长：	任务：
组员 1：	任务：
组员 2：	任务：
组员 3：	任务：
组员 4：	任务：
组员 5：	任务：

任务检测

请扫码答题。

任务评价

任务评价表

班级：________ 组别：________ 姓名：________

项目	评分标准	分值	自我评价	小组评价	教师评价
任务实施完成情况	相关知识收集完成度	—			
	实训记录翔实度	—			
	分组讨论成果	—			
知识技能	了解母牛的生殖器官的组成	10			
	掌握卵子发育过程	10			
	掌握雌性动物的发情生理	10			
	学会外部观察法进行发情鉴定	10			
	学会直肠检查法进行发情鉴定	10			
任务进度	提前完成为10分，正常完成为7～9分，超时完成为3～6分，未完成为0～2分	10			
任务质量	整体效果很好为10分，较好为7～9分，一般为3～6分，较差为0～2分	10			
素养表现	遵守实验室规定，操作文明、安全	5			
	保护动物福利，爱护实习动物	5			
思政表现	树立安全意识，保障个人人身安全	10			
	有民族自豪感和职业精神	10			
合计		100			
自我评价与总结					
教师点评					

任务二　鉴定母羊的发情

任务导入

母羊正常繁殖，主要取决于其能否正常发情。这里的正常发情指的是母羊生长发育到一定阶段时，所表现出来的周期性的性活动现象。假如一只母羊，到了发情期而不发情，就无法保证受胎率。当我们大规模养殖时，就需要了解母羊发情相关知识，明白它们的习性，再去对出现的问题进行有针对性的处理。

请你根据现有条件，结合本任务知识，掌握母羊发情鉴定等相关内容，并深入了解相关概念和技术流程，完成相应任务。

任务工单

班级：＿＿＿＿＿＿　　姓名：＿＿＿＿＿＿　　学号：＿＿＿＿＿＿

任务名称	鉴定母羊发情
任务描述	根据实际情况，填写本任务的内容、目的、流程和方法。 任务内容：＿＿＿＿＿＿ ＿＿＿＿＿＿ 任务目的：＿＿＿＿＿＿ ＿＿＿＿＿＿ 任务流程：＿＿＿＿＿＿ ＿＿＿＿＿＿ 任务方法：＿＿＿＿＿＿ ＿＿＿＿＿＿
获取信息	要完成任务，需要掌握相关的知识。请收集资料，回答以下问题。 1. 母羊生殖器官组成及主要生理功能有哪些？ 2. 母羊的发情生理主要表现在哪些方面？ 3. 母羊的发情的鉴定方法有哪些？

（续表）

制订计划				
任务实施	按照预先制订的工作计划，完成本任务，并记录任务实施过程			
	序号	完成的任务	遇到的问题	解决办法
	1	通过书籍、互联网等工具，查阅并收集相关内容，了解相关知识		
	2	分组研讨母羊的发情鉴定的准备工作有哪些		
	3	分组研讨母羊的发情生理		
	4	分组讨论发情鉴定的方法有哪些		
	5	实训操作，在老师的组织下，进行母羊的发情鉴定，并做好记录工作		
	6	针对在完成活动中遇到的问题及解决情况进行总结		

任务准备

知识准备

一、母羊的发情鉴定

母羊的发情期短，外部表现不明显，又无法进行直肠检查，因此主要依靠试情法，结合外部观察法对母羊的发情进行鉴定。

（一）外部观察法

直接观察母羊的行为、征状和生殖器官的变化判断母羊是否发情。这是鉴定母羊是否发情最基本、最常用的方法。发情母羊主要表现在喜欢接近公羊，并强烈摆动尾部，被公羊爬跨时站立不动，但发情母羊很少爬跨其他母羊。母羊发情时，只分泌少量黏液，或不见有黏液分泌，外阴部没有明显的肿胀或充血现象。

（二）试情法

当母羊发情时，阴道中会产生特殊的气味，这种气味只有公羊能嗅到。操作时，为防止误配，需要将公羊输精管结扎或绑定试情布。试情时，把试情公羊按照公母为 1∶40 的比例，每日早晚一次或两次定时放入母羊群中。母羊在发情时可能寻找公羊或尾随公羊，但只有母羊站立不动接受公羊的逗引及爬跨时，表示母羊已发情。发现母羊发情时，将其分离出，继续观察，以备配种。

本法的优点是简便，表现明显，容易掌握。供试情的公畜应选择体质健壮，性欲旺盛，无恶癖。试情要定期进行，以便掌握母畜的性欲变化情况。

实习动物、药品和工具准备

实习母羊、家畜保定栏或保定架、保定绳、阴道开膣器、手电筒、水盆、毛巾、75% 酒精棉球、1%～2% 来苏尔溶液、0.1% 新洁尔灭（苯扎溴铵）溶液、液体石蜡、肥皂、诱导发情药剂、书籍资料等。

人员准备

任务角色	任务内容
组长：	任务：
组员 1：	任务：
组员 2：	任务：
组员 3：	任务：
组员 4：	任务：
组员 5：	任务：

任务检测

请扫码答题。

任务评价

任务评价表

班级：＿＿＿＿＿＿＿＿　　组别：＿＿＿＿＿＿＿＿　　姓名：＿＿＿＿＿＿＿＿

项目	评分标准	分值	自我评价	小组评价	教师评价
任务实施完成情况	相关知识收集完成度	—			
	实训记录翔实度	—			
	分组讨论成果	—			

（续表）

项目	评分标准	分值	自我评价	小组评价	教师评价
知识技能	了解母羊的生殖器官的组成	10			
	掌握母羊的发情生理	10			
	学会外部观察法进行发情鉴定	10			
	学会试情法进行发情鉴定	20			
任务进度	提前完成为10分，正常完成为7～9分，超时完成为3～6分，未完成为0～2分	10			
任务质量	整体效果很好为10分，较好为7～9分，一般为3～6分，较差为0～2分	10			
素养表现	遵守实验室规定，操作文明、安全	5			
	保护动物福利，爱护实习动物	5			
思政表现	树立安全意识，保障个人人身安全	10			
	有民族自豪感和职业精神	10			
合计		100			
自我评价与总结					
教师点评					

任务三　鉴定母猪的发情

任务导入

在猪的养殖生产中，母猪发情鉴定和适时配种是非常重要的技术工作。而在大型规模养殖企业迅猛扩张的今天，以及非洲猪瘟常态化防控要下，猪场对技术人员的需求大幅增加。由于大量新人的引入，导致很多猪场在母猪的发情鉴定及配种管理操作方面较为薄弱，直接影响到了繁殖效率的提升。正确判断母猪发情状况，做到适时配种，是提高发情期受胎率和增加产仔数的关键，也是提升养猪生产效益的重要影响因素。

请你根据现有条件，结合本任务知识，掌握母猪发情鉴定等相关内容，并深入了解相关概念和技术流程，完成相应任务。

任务工单

班级：__________ 姓名：__________ 学号：__________

任务名称	鉴定母猪的发情
任务描述	根据实际情况，填写本任务的内容、目的、流程和方法。 任务内容：__________ __________ 任务目的：__________ __________ 任务流程：__________ __________ 任务方法：__________ __________
获取信息	要完成任务，需要掌握相关的知识。请收集资料，回答以下问题。 1. 母猪生殖器官组成及主要生理功能有哪些? 2. 母猪的发情生理主要体现在哪些方面? 3. 母猪的发情鉴定的方法有哪些?
制订计划	

（续表）

任务实施	按照预先制订的工作计划，完成本任务，并记录任务实施过程			
	序号	完成的任务	遇到的问题	解决办法
	1	通过书籍、互联网等工具，查阅并收集相关内容，了解相关知识		
	2	分组研讨母猪的发情鉴定的准备工作有哪些		
	3	分组研讨母猪的发情生理		
	4	分组讨论发情鉴定的方法有哪些		
	5	针对在完成活动中遇到的问题及解决情况进行总结		

任务准备

知识准备

一、猪的发情鉴定

母猪发情时，一般持续 2～3 d，阴部肿胀表现比较明显，故发情鉴定主要采用外部观察法。

（一）外部观察法

母猪发情开始时，表现不安，有时鸣叫，阴部微充血肿胀。食欲稍减退。之后阴门充血肿胀并显湿润，喜爬跨别的猪，同时亦愿意接受别的猪，尤其是公猪的爬跨，表现出明显的交配欲。在发情期，母猪的性欲逐渐趋向旺盛，阴门充血肿胀明显，渐渐趋向高峰，阴道湿润，性欲渐强，此时若用公猪试情，则愿接近公猪，当公猪爬上其背时，则静立不动。此后，性欲渐降，阴部充血肿胀逐渐消退，性欲也渐弱，阴门变成淡红，微皱，间或有变成紫红的，阴门较干，表情迟滞，喜欢静卧，这时便是配种适期。

（二）试情法

当母猪发情时，对公猪爬跨具有比较敏感的反应，可使其接触公猪，如果接受公猪的爬跨，且处于安定状态，从而判断其所处为发情阶段。同时，由于母猪发情时对公猪气味也比较敏感，也可在母猪跟前放置浸有公猪的精液或尿液的布，观察其表现出的变化情况，从而判断其发情程度。随着科技的不断发展，试情可使用合成的外激素，也具有较好的效果。此外，母猪发情时对公猪的叫声也具有比较敏感的反应，因此可对母猪播放公猪的求偶录音进行刺激，这也是鉴定其发情程度较好的方法之一。其中利用公猪试情是检查母猪发情的常用、有效办法。通常在每天清晨或上午进行试情，驱赶性情温驯、性欲旺盛的种公猪慢慢在走道上走动，并稍微停留在母猪栏门前，观察其反应，如果没有远跑，而是保持静立，甚至主动接近公猪，就可将该母猪驱赶到公猪圈内进行试情。注意不能够突然在群养的母猪圈内放入公猪，这是由于群体中未发情的母猪会拒绝爬跨，且快速躲避公猪，同时发情的母猪也常跟随跑动，不利于发现发情的母猪。如果无公猪，也可用手压母猪背部试情，如母猪静立不动，即所谓“压背静立反应”，则表示该母猪已发情。

人们在生产中总结出“一看、二听、三算、四压背、五综合”的母猪发情鉴定方法，即一看外阴部的变化和行为表现，二听母猪的叫声，三算发情周期发情持续期，四做压背实验，五进行综合分析。

人员准备

任务角色	任务内容
组长：	任务：
组员 1：	任务：
组员 2：	任务：
组员 3：	任务：
组员 4：	任务：
组员 5：	任务：

任务检测

请扫码答题。

任务评价

任务评价表

班级：__________　　组别：__________　　姓名：__________

项目	评分标准	分值	自我评价	小组评价	教师评价
任务实施完成情况	相关知识收集完成度	—			
	发情鉴定记录翔实度	—			
	分组讨论成果	—			

（续表）

项目	评分标准	分值	自我评价	小组评价	教师评价
知识技能	了解母猪的生殖器官的组成	10			
	掌握母猪的发情生理	10			
	学会外部观察法进行发情鉴定	10			
	学会试情法进行发情鉴定	20			
任务进度	提前完成为 10 分，正常完成为 7～9 分，超时完成为 3～6 分，未完成为 0～2 分	10			
任务质量	整体效果很好为 10 分，较好为 7～9 分，一般为 3～6 分，较差为 0～2 分	10			
素养表现	遵守实验室规定，操作文明、安全	5			
	保护动物福利，爱护实习动物	5			
思政表现	树立安全意识，保障个人人身安全	10			
	有民族自豪感和职业精神	10			
合计		100			
自我评价与总结					
教师点评					

项目三 输精

项目导读

输精作为人工授精的最后一个环节，只有把握准确的输精时机，才能提高受胎率和产仔数，为良种推广做好技术支持。自2006年起，国家免费向青海省牧民发放优质良种牛冻精。近些年来，青海省投入20万元在省内建立85个牛标准化改良站，并配备技术服务车，免费上门人工授精，为牧民改良牛品种。通过对这些良种牛的人工采精和将优质冻精人工授精给青海本地牛，青海省多产犊牛2.5万头，每头公牛培育后平均增加产肉量22.5千克，每头母牛培育后产奶量平均提高300千克。此外，为解决牦牛就近繁殖导致的体格小等问题，家畜改良中心发放推广野血牦牛冻精40万剂，本品种选育牦牛20万头，提升了青海牦牛的生产性能，现青海省奶（肉）牛良种覆盖率已达到82.7%。

学习目标

知识目标

（1）了解输精前的准备工作。

（2）掌握各种母畜的输精时间、输精部位、输精剂量。

（3）掌握各种母畜输精的输精技术。

技能目标

（1）掌握输精器械清洗和消毒的方法。

（2）掌握牛、羊、猪的输精操作方法。

思政目标

（1）把马克思主义立场观点方法的教育与科学精神的培养结合起来，培养学生探索未知、追求真理、勇攀科学高峰的责任感和使命感。

（2）培养学生吃苦耐劳、踏实肯干的品质。

（3）注意流程细节，规范操作，培养学生追求极致的工匠精神。

任务一　牛的输精

任务导入

正确的牛人工授精时期，应当是母牛生产满月后空怀时期发情输精，或者后备母牛达到适配年龄后发情输精。在实际生产中，由于母牛买卖转手，或有公牛一起放牧，有的牛主也弄不清母牛怀孕情况（因为有的母牛被转来买去搞不清了，或被公牛偷偷配上而牛主不知晓）。遇到疑似发情征象，容易发生误配，甚至因此导致流产。

请你根据现有条件，结合本任务知识，掌握母牛输精等相关内容，并深入了解相关概念和技术流程，完成相应任务。

任务工单

班级：________________　姓名：________________　学号：________________

任务名称	牛的输精
任务描述	根据实际情况，填写本任务的内容、目的、流程和方法。 任务内容：________________ ________________ 任务目的：________________ ________________ 任务流程：________________ ________________ 任务方法：________________ ________________
获取信息	要完成任务，需要掌握相关的知识。请收集资料，回答以下问题。 1. 母牛输精的准备工作有哪些？ 2. 母牛的适宜输精时间是什么时候？ 3. 母牛的输精量有多少？

（续表）

<table>
<tr><td>获取信息</td><td colspan="4">4. 母牛的输精的方法有哪些?</td></tr>
<tr><td>制订计划</td><td colspan="4"></td></tr>
<tr><td rowspan="7">任务实施</td><td colspan="4">按照预先制订的工作计划，完成本任务，并记录任务实施过程。</td></tr>
<tr><td>序号</td><td>完成的任务</td><td>遇到的问题</td><td>解决办法</td></tr>
<tr><td>1</td><td>通过书籍、互联网等工具，查阅并收集相关内容，了解相关知识</td><td></td><td></td></tr>
<tr><td>2</td><td>分组研讨母牛输精的准备工作有哪些</td><td></td><td></td></tr>
<tr><td>3</td><td>分组讨论母牛的适宜输精时间</td><td></td><td></td></tr>
<tr><td>4</td><td>分组讨论母牛的适宜输精量</td><td></td><td></td></tr>
<tr><td>5</td><td>针对在完成活动中遇到的问题及解决情况进行总结</td><td></td><td></td></tr>
</table>

任务准备

知识准备

一、输精的准备

输精是人工授精的最后一个环节，也是最重要的技术之一，能否及时、准确地把精液输送到母牛生殖道的适当部位，是保证受胎的关键。输精前应做好各方面的准备，确保输精的正常实施。

（一）母牛的准备

母牛经发情鉴定后，确定已到输精时间，将其牵入保定栏内保定，将外阴清洗消毒，尾巴拉向一侧。

（二）器械的准备

输精所用的器械均应彻底洗净后严格消毒，再用稀释液冲洗后才能使用。每头母牛备一支输精管，如用同一支输精管给另一头母牛输精，须消毒处理后方能使用。

（三）精液准备

常温保存的精液需轻轻振荡后升温至 35 ℃，镜检精子活力不低于 0.6；低温保存的精液升温后活力须在 0.5 以上；冷冻精液解冻后活力不低于 0.3。

（四）人员准备

输精人员应穿好工作服，指甲剪短磨光，袖子挽起并用 75% 酒精消毒手臂，伸入阴道的手要涂以稀释液等润滑。

二、母牛的输精

（一）阴道开膣器输精法

操作时一手持开膣器，打开母牛阴道，借助光源找到子宫颈口，另一只手握吸有精液的输精器，伸入子宫颈 1～2 皱褶处（2～3 cm），慢慢注入精液。此法能直接观察到输精管（输精枪）伸入子宫颈口的情况，比较好掌握。但操作时，母牛往往躁动不安，弓背努责加之输精部位浅，易引起精液倒流，受胎率低。另外，此法容易损伤母牛的阴道黏膜，输精不方便，故生产中很少采用。

（二）直肠把握输精法

一只手伸入直肠内把握住子宫颈，另一手持输精器，先斜上方伸入阴道内进入 5～10 cm 后再水平插入到子宫颈口，两手协同配合，把输精器伸到子宫颈的 3～5 个皱褶处或子宫体内，慢慢注入精液。输精过程中，输精器不要握得太紧，要随着母牛的摆动而灵活伸入。直肠内的手要把握子宫颈的后端，并保持子宫颈的水平状态。输精枪要稍用力前伸，每过一个子宫颈皱褶都有感觉，出现“咔咔”的响声。但要避免盲目用力插入，防止生殖道黏膜损伤或穿孔。

三、输精的基本要求

（一）输精时间

母牛输精后是否受胎，掌握合适的输精时间至关重要。输精时间是根据母畜的排卵时间、精子在母牛生殖道内保持受精能力的时间及精子获能时间等确定的。

（二）牛的输精时间

一般母牛发情持续期短，输精应尽早进行。发现母牛发情后 8～10 h 可进行第一次输精，隔 8～12 h 进行第二次输精。生产中如果牛早上发情，当日下午或傍晚第一次输精，翌日早上第二次输精；下午或晚上发情，翌日早上进行第一次输精，翌日下午或傍晚再输一次。

初配母牛发情持续期稍长，输精过早受胎率不高，通常在发情后 20 h 左右开始输精。在第二次输精前，最好检查一下卵泡，如母牛已排卵，一般不必再输精。

（三）输精量及有效精子数

输精量和有效精子数应根据不同家畜的生理特点、不同生理状况及精液保存方式等确定。一般来讲，马、猪的输精量大，牛、羊的输精量少；体型大、经产、子宫松弛的母畜输精量多些，体型小、初配母畜输精量少些；液态保存的精液输精量比冷冻精液多一些。母牛输精有效精子数为 0.1 亿～0.2 亿个，输精部位为子宫颈部或子宫内。

人员准备

任务角色	任务内容
组长：	任务：
组员 1：	任务：
组员 2：	任务：
组员 3：	任务：
组员 4：	任务：
组员 5：	任务：

任务检测

请扫码答题。

任务评价

任务评价表

班级：____________　组别：____________　姓名：____________

项目	评分标准	分值	自我评价	小组评价	教师评价
任务实施完成情况	相关知识收集完成度	—			
	母牛输精记录翔实度	—			
	分组讨论成果	—			
知识技能	了解母牛的输精准备	10			
	掌握母牛输精时间	10			

（续表）

项目	评分标准	分值	自我评价	小组评价	教师评价
知识技能	掌握母牛输精量	10			
	学会母牛输精方法	20			
任务进度	提前完成为 10 分，正常完成为 7～9 分，超时完成为 3～6 分，未完成为 0～2 分	10			
任务质量	整体效果很好为 10 分，较好为 7～9 分，一般为 3～6 分，较差为 0～2 分	10			
素养表现	遵守实验室规定，操作文明、安全	5			
	保护动物福利，爱护实习动物	5			
思政表现	吃苦耐劳、踏实肯干	10			
	规范操作，追求极致的工匠精神	10			
合计		100			
自我评价与总结					
教师点评					

任务二　羊的输精

任务导入

郑丕留，原名沛畱，1911 年 1 月 9 日生于江苏省太仓市新塘镇，畜牧学家，对家畜生殖生理的研究有较深造诣。中华人民共和国成立初期，他就培养了一大批人工授精技术人员，为我国大规模推广家畜人工授精，改良畜种，作出了重要贡献。

郑丕留先生作为我国家畜人工授精技术的开拓者和传播者，举办了多期羊人工授精培训班，并于 20 世纪 50 年代初，编著了《绵羊人工授精技术》一书，还与董伟先生等共同发表了《绵羊发情持续时间及发情周期的测定》《输精时间及次数影响母羊生产率的初步研究》《公羊射精次数影响性行为及精液品质的初步研究》等多篇研究文章，对当时羊的人工授精技术应用和推广起到了指导作用，使羊发情期受胎率可达50%～70%。由于技术的优势及科研工作者的努力，羊人工授精技术在全国各地得到迅速推广，成为良种繁育的重要手段。

请你根据现有条件，结合本任务知识，掌握母羊输精等相关内容，并深入了解相关概念和技术流程，完成相应任务。

任务工单

班级：________ 姓名：________ 学号：________

任务名称	羊的输精
任务描述	根据实际情况，填写本任务的内容、目的、流程和方法。 任务内容：________ 任务目的：________ 任务流程：________ 任务方法：________
获取信息	要完成任务，需要掌握相关的知识。请收集资料，回答以下问题。 1. 母羊输精的准备工作有哪些? 2. 母羊的输精时间是什么时候? 3. 母羊输精量是多少? 4. 母羊的输精方法是什么?
制订计划	

（续表）

任务实施	按照预先制订的工作计划，完成本任务，并记录任务实施过程			
	序号	完成的任务	遇到的问题	解决办法
	1	通过书籍、互联网等工具，查阅并收集相关内容，了解相关知识		
	2	分组研讨母羊输精的准备工作有哪些		
	3	分组讨论母羊输精时间		
	4	分组讨论母羊输精量		
	5	实训操作，在老师的组织下，进行母羊的输精操作，并做好记录		
	6	针对在完成活动中遇到的问题及解决情况进行总结		

任务准备

知识准备

一、输精的准备

（一）母羊的准备

将发情母羊的后肢放在一个横杆上保定，或由助手将母羊的两后肢提起，使母羊前肢着地呈倒立状态，即倒提羊，并对母羊外阴部清洗消毒。

（二）器械的准备

输精所用的器械均应彻底洗净后严格消毒，再用稀释液冲洗后才能使用。确保数量足够，每只母羊备一支输精管，如用同一支输精管给另一只母羊输精，须消毒处理后方能使用。

（三）精液准备

精液采集后应尽快输精，常温保存的精液需轻轻振荡后升温至 35 ℃，镜检精子活力不低于 0.6；低温保存的精液升温后活力须在 0.5 以上；冷冻精液解冻后活力不低于 0.3。

二、输精的基本要求

（一）输精时间

母羊输精后是否受胎，掌握合适的输精时间至关重要。输精时间是根据母羊的排卵时间、精子在母羊生殖道内保持受精能力的时间及精子获能等时间确定的。

母羊的输精时间应根据试情制度确定。每天一次试情，在发情的当天及半天后各输精一次；每天 2 次试情，发现母羊发情后隔半日进行第一次输精，再隔半日进行第二次输精。

（二）输精量及有效精子数

每只母羊的输精量及有效精子数需要根据精液的保存方式确定。新鲜原精液 0.05～0.10 mL，含呈直线前进运动的精子数不少于 5 000 万个；冷冻精液 0.1～0.5 mL，含呈直线前进运动的精子数不少于 3 000 万个。

三、母羊的输精

绵羊和山羊都采用阴道开膣器法，其操作与牛相同。由于羊的体型较小，为工作方便，提高效率，羊的输精保定最好采用能升降的输精架或在输精台后设置凹坑，如无此条件可采用助手保定，助手可倒骑跨在羊的背部，使羊头朝后，进行保定，将羊尾向上掀起，用 75% 酒精棉球消毒外阴。输精员将精液装到输精器上，用开膣器打开母羊阴道，借助光源找到子宫颈口，将输精器插入子宫 0.5～1.0 cm 处，缓缓注入精液，将输精器和阴道开膣器小心取出。

人员准备

任务角色	任务内容
组长：	任务：
组员 1：	任务：
组员 2：	任务：
组员 3：	任务：
组员 4：	任务：
组员 5：	任务：

任务检测

请扫码答题。

任务评价

任务评价表

班级：________ 组别：________ 姓名：________

项目	评分标准	分值	自我评价	小组评价	教师评价
任务实施完成情况	相关知识收集完成度	—			
	母羊输精记录翔实度	—			
	分组讨论成果	—			
知识技能	了解母羊的输精准备	10			
	掌握母羊输精时间	10			
	掌握母羊输精量	10			
	学会母羊输精方法	20			
任务进度	提前完成为10分，正常完成为7～9分，超时完成为3～6分，未完成为0～2分	10			
任务质量	整体效果很好为10分，较好为7～9分，一般为3～6分，较差为0～2分	10			
素养表现	遵守实验室规定，操作文明、安全	5			
	保护动物福利，爱护实习动物	5			
思政表现	吃苦耐劳、踏实肯干	10			
	规范操作，追求极致的工匠精神	10			
合计					
自我评价与总结					
教师点评					

任务三　猪的输精

任务导入

北方某高效化猪场，存栏规模近 6 000 头母猪，因输精技术落后等原因，与其他同规模养猪场相比，其场中母猪 35 d 受胎率整体偏低，几个批次的平均受胎率为 73.1%，且不同批次之间受胎率波动较大，成为制约猪场经济效益的瓶颈。

请你根据现有条件，结合本任务知识，掌握母猪输精等相关内容，并深入了解相关概念和技术流程，完成相应任务。

任务工单

班级：＿＿＿＿＿＿＿＿　　姓名：＿＿＿＿＿＿＿＿　　学号：＿＿＿＿＿＿＿＿

任务名称	猪的输精
任务描述	根据实际情况，填写本任务的内容、目的、流程和方法。 任务内容：＿＿＿＿＿＿＿＿ 任务目的：＿＿＿＿＿＿＿＿ 任务流程：＿＿＿＿＿＿＿＿ 任务方法：＿＿＿＿＿＿＿＿
获取信息	要完成任务，需要掌握相关的知识。请收集资料，回答以下问题。 1. 母猪输精的准备工作有哪些？ 2. 母猪适宜输精的时间是什么时候？ 3. 母猪的输精量是多少？ 4. 母猪的输精方法有哪些？

（续表）

<table>
<tr><td>制订计划</td><td colspan="4"></td></tr>
<tr><td rowspan="8">任务实施</td><td colspan="4">按照预先制订的工作计划，完成本任务，并记录任务实施过程。</td></tr>
<tr><td>序号</td><td>完成的任务</td><td>遇到的问题</td><td>解决办法</td></tr>
<tr><td>1</td><td>通过书籍、互联网等工具，查阅并收集相关知识，了解相关知识</td><td></td><td></td></tr>
<tr><td>2</td><td>分组研讨母猪输精的准备工作有哪些</td><td></td><td></td></tr>
<tr><td>3</td><td>分组讨论母猪输精时间</td><td></td><td></td></tr>
<tr><td>4</td><td>分组讨论母猪输精量</td><td></td><td></td></tr>
<tr><td>5</td><td>实训操作，在老师的组织下，进行猪的输精操作，并做好记录工作</td><td></td><td></td></tr>
<tr><td>6</td><td>针对在完成活动中遇到的问题及解决情况进行总结</td><td></td><td></td></tr>
</table>

任务准备

知识准备

一、输精的准备

输精是猪人工授精的最后一个环节，也是最重要的技术之一，能否及时、准确地把精液输送到母猪生殖道的适当部位，是保证受胎的关键。输精前应做好各方面的准备，确保输精的正常实施。

（一）母猪的准备

使用 0.1% 的高锰酸钾溶液清洗消毒母猪外阴部、尾根及臀部周围，再用温水浸湿毛巾，擦干外阴部。输精时辅助压背、按摩动作以加快输精速度。

（二）器械的准备

输精所用的器械均应彻底洗净后严格消毒，再用稀释液冲洗后才能使用。

（三）精液准备

根据输精方式不同，每份精液量为 40～80 mL，总精子数为 15 亿～30 亿个，精子活力不低于 0.6。

二、输精的基本要求

母猪发情外部表现特别明显，外阴长时间红肿，通过外部观察难以确定输精时间。一般母猪发情后的 20～30 h 内输精 2 次或发情盛期过后仍出现“静立反射”时输精。

三、母猪的输精方法

母猪的阴道部和子宫界限不明显，输精器较容易插入。一般使用以下输精方法。

（1）子宫灌注法。先将输精管用少许稀释液润滑，用一手撑开阴门，另一手将输精管先斜上方插入阴道，进入阴道 1/3 深度后，平直伸入并左右旋转，如伸入时遇到阻力，可将输精管回拉，再行插入，确定已进入子宫颈深部，装上吸有精液的注射器，慢慢推入精液。输精完毕后，轻轻抽出输精管，在母猪背部用力压一下即可。

（2）深部输精法。在将输精管插入母猪阴道，直至子宫颈口锁定后松开管后端的锁扣，预留 1 cm 的间隙再向子宫皱褶部分推进直至子宫体。安装精液瓶并用力挤压，用 10～15 s 时间，全部挤完精液，轻轻取出内管。半个小时之后，顺时针方向取出输精管主管。精液温度不要低于 25 ℃，否则不能刺激子宫收缩而造成精液倒流。如遇到母猪不安定或来回走动，可停止注入精液，待安抚稳定后再继续输精。输精完毕后，慢慢抽出输精管，按压母猪臀部并使猪安静片刻，以防精液倒流。

人员准备

任务角色	任务内容
组长：	任务：
组员 1：	任务：
组员 2：	任务：
组员 3：	任务：
组员 4：	任务：
组员 5：	任务：

任务检测

请扫码答题。

任务评价

任务评价表

班级：____________ 组别：____________ 学号：____________

项目	评分标准	分值	自我评价	小组评价	教师评价
任务实施完成情况	相关知识收集完成度	—			
	母猪输精记录翔实度	—			
	分组讨论成果	—			
知识技能	了解母猪的输精准备	10			
	掌握母猪输精时间	10			
	掌握母猪输精量	10			
	学会母猪输精方法	20			
任务进度	提前完成为10分，正常完成为7～9分，超时完成为3～6分，未完成为0～2分	10			
任务质量	整体效果很好为10分，较好为7～9分，一般为3～6分，较差为0～2分	10			
素养表现	遵守实验室规定，操作文明、安全	5			
	保护动物福利，爱护实习动物	5			
思政表现	吃苦耐劳、踏实肯干	10			
	规范操作，追求极致的工匠精神	10			
合计		100			
自我评价与总结					
教师点评					

项目四 诊断母畜妊娠

项目导读

早期妊娠诊断技术在养殖业中一直扮演着重要的角色。母畜在配种后应尽早地确定是否妊娠，这对于保胎、减少空怀、提高母畜的繁殖力是非常重要的。经过早期妊娠诊断，对于确定怀孕的母畜，尽早提供妊娠母畜所需要的营养与环境，加强饲养管理，能够保证胚胎的正常发育，避免胚胎的早期死亡或流产；对于未妊娠的母畜，找出原因后及时采取措施进行再次配种；对于多次配种不孕的母畜及时淘汰。通过缩短产仔间隔而达到提高母畜繁殖效率的目的，简便有效的早期妊娠的诊断方法，能够大大提高母畜的繁殖效率，大大提高畜牧生产的经济效益。

学习目标

知识目标

（1）掌握受精过程、胚胎发育及附植的过程，知道胎儿胎盘与母体胎盘间的关系。

（2）了解家畜的妊娠期生理变化及特征。

（3）掌握各种母畜妊娠期。

技能目标

（1）掌握各种妊娠诊断方法。

（2）能够确诊妊娠母牛、母羊、母猪等。

思政目标

（1）妊娠诊断中涉及伦理道德问题，引导学生严格遵守相关的法律法规，做一个遵纪守法的好青年。

（2）通过对前沿科学技术的了解，开阔学生眼界和激发学生的创造性思维。

（3）教育引导学生修炼专业素养内功，努力成为栋梁之材。

任务一　诊断母牛的妊娠

任务导入

通过妊娠诊断，尤其早期妊娠诊断可以确定母牛是否妊娠，可以结合这一结果进行后续人工授精等工作，避免影响牛的正常生育繁殖。母牛早期妊娠诊断可以促进产业发展，能够为其繁殖提供基础数据。参考诊断结果，还可以进行养殖方案的调整，可以更早地做出管理决策，并减少母牛的空怀期，从而缩短产犊间隔，以提高母牛在利用年限内的繁殖效率，进而提高牛场的经济效益，母牛妊娠的诊断是十分必要和有意义的。

请你根据现有条件，结合本任务知识，掌握母牛妊娠诊断等相关内容，并深入了解相关概念和技术流程，完成相应任务。

任务工单

班级：＿＿＿＿＿＿＿＿　姓名：＿＿＿＿＿＿＿＿　学号：＿＿＿＿＿＿＿＿

任务名称	母牛的妊娠诊断
任务描述	根据实际情况，填写本任务的内容、目的、流程和方法。 任务内容：＿＿＿＿＿＿＿＿ 任务目的：＿＿＿＿＿＿＿＿ 任务流程：＿＿＿＿＿＿＿＿ 任务方法：＿＿＿＿＿＿＿＿
获取信息	要完成任务，需要掌握相关的知识。请收集资料，回答以下问题。 1. 配子运行和受精过程是怎样的？ 2. 胚胎发育及附植的过程是怎样的？ 3. 母牛的妊娠期生理变化及特征有哪些？

（续表）

<table>
<tr><td>制订计划</td><td colspan="4"></td></tr>
<tr><td rowspan="8">任务实施</td><td colspan="4">按照预先制订的工作计划，完成本任务，并记录任务实施过程</td></tr>
<tr><td>序号</td><td>完成的任务</td><td>遇到的问题</td><td>解决办法</td></tr>
<tr><td>1</td><td>通过书籍、互联网等工具，查阅并搜集相关知识，了解相关知识</td><td></td><td></td></tr>
<tr><td>2</td><td>分组讨论妊娠诊断的意义</td><td></td><td></td></tr>
<tr><td>3</td><td>分组讨论妊娠诊断方法有哪些</td><td></td><td></td></tr>
<tr><td>4</td><td>分组谈论，不同妊娠时期，母畜生殖器官的变化情况</td><td></td><td></td></tr>
<tr><td>5</td><td>实训操作，在老师的组织下，进行牛的妊娠诊断操作，并做好记录工作</td><td></td><td></td></tr>
<tr><td>6</td><td>针对在完成活动中遇到的问题及解决情况进行总结</td><td></td><td></td></tr>
</table>

任务准备

知识准备

妊娠又叫怀孕，是指受精卵从第一次卵裂到胎儿成熟娩出的时期。整个过程可分为胚胎早期发育期、胚胎附植期和胎膜、胎盘期。

妊娠诊断是指在母畜配种或输精后，为及时掌握母畜是否妊娠，妊娠的时间及胎儿和生殖器官的异常情况，采用临床检查和实验室检验方法进行诊断。母畜配种或输精后，经过一定时间，及早进行妊娠诊断，对减少空怀、保胎防流、提高母畜繁殖率等具有重要意义。通过早期妊娠诊断，对确诊为妊娠的母畜，可以按照孕畜所需要的条件，加强饲养管理，维持母畜健康，保证胎儿的正常发育，防止胚胎早期死亡或者流产；如果确定没有妊娠，则应该密切注意其下次发情，抓好再配种工作，并及时找出未受孕的原因。例如公畜精液品质是否符合标准，母畜的生殖器官是否患有疾病，交配时间是否适宜，配种方法是否合适等，以便在下次配种时及时治疗或做出必要的改进。母牛妊娠的具体诊断方法有以下几种。

一、外部观察法

母牛左后腹腔为瘤胃占据，术者站立于妊娠母牛后侧观察时，可发现妊娠母牛右腹壁突出。

二、直肠检查法

直肠检查法是用手隔着直肠壁触摸卵巢、子宫、子宫动脉的状况及子宫内有无胎儿存在等来进行妊娠诊断的方法，适合于大型家畜。其优点是诊断的准确率高，在整个妊娠期均可应用。但在触诊胎泡或胎儿时，动作要轻缓，以免造成流产。

母牛妊娠直肠检查的具体方法如下。摸到子宫颈，再将中指向前滑动，寻找角间沟，然后将手向前、向下、再向后，把 2 个子宫角都掌握在手内，分别触摸。

（1）妊娠 18～25 d，子宫角变化不明显，一侧卵巢上有黄体存在。

（2）妊娠 30 d，两侧子宫角不对称，孕角比空角略粗大、松软，有波动感，收缩反应不敏感，空角较有弹性。

（3）妊娠 45～60 d，子宫角和卵巢垂入腹腔，孕角比空角约大 2 倍，孕角有波动感。用指肚从角尖向角基滑动中，可感到有胎囊由指间掠过，角间沟稍变平坦。

（4）妊娠 90 d，孕角大如婴儿头，波动明显，空角比平时增大 1 倍，角间沟已不清楚。

（5）妊娠 120 d，子宫沉入腹底，只能触摸到子宫后部及子宫壁上的子叶，子叶直径 2～5 cm。子宫颈沉移耻骨前缘下方，不易摸到胎儿。子宫中动脉逐渐变粗如手指，并出现明显的妊娠脉搏。妊娠 180 d，直检可触摸到明显的胎动。自此以后直至分娩，随着胎儿增大，子宫日渐膨大。

三、超声波诊断法

（一）幅度调整型探测（A 型超声诊断）

将超声波载入母牛体内，将胎囊中液体的反射波转变为电脉冲，进而再将电脉冲转变成以声响和灯光显示的报警信号，提示被检牛已孕。具体方法是将探测仪探头缓慢插入阴道，达到阴道穹窿，并使探头抵在穹窿的阴道壁上，由左向右移动探头进行探查，必要时可将探头前后左右移动，发出连续的阳性信号且指示灯持续发光，即为已孕，否则未孕。妊娠母牛最早在配种后 18～21 d 即可诊断出。

（二）超声多普勒测定法

利用超声波多普勒效应的原理，探测母牛怀孕后子宫血流的变化，胎儿心跳，脐带的血流和胎儿活动，并以声响信号显示出来的一种方法。具体方法是应用开腔器将阴道打开，送入探头，也可直接将探头慢慢插入阴道，使探头位置大致在阴道穹窿 2 cm 以下的两侧区域。仔细辨听母体宫血音，妊娠 35 d 左右出现“阿呼”音，40 d 以后有“蝉鸣”音。未孕牛或探头接触不良时，仅听到“呼呼”音，声音频率与母牛脉搏相同。胎儿死亡时，也只能听到“呼呼”音。胎儿脐血音为节奏很快的血流音，其频率为每分钟 120～180 次，从妊娠 50 d 起比较明显。应用 SCD-Ⅱ型超声多普勒探测仪探诊 30～70 d 的母牛，妊娠诊断准确率可达 90% 以上。

药品和工具准备

保定器械、SCD-Ⅱ型超声多普勒探测仪、保定架、肥皂、脸盆、长臂手套、毛巾、消毒药液、绳索、液体石蜡、酒精棉球、听诊器、书籍资料等。

人员准备

任务角色	任务内容
组长：	任务：
组员 1：	任务：
组员 2：	任务：
组员 3：	任务：
组员 4：	任务：
组员 5：	任务：

任务检测

请扫码答题。

任务评价

任务评价表

班级：________________　　组别：________________　　姓名：________________

项目	评分标准	分值	自我评价	小组评价	教师评价
任务实施完成情况	相关知识收集完成度	—			
	母牛妊娠诊断记录翔实度	—			
	分组讨论成果	—			
知识技能	了解母牛受精生理	10			
	掌握母牛早期胚胎发育特点	10			
	掌握母牛妊娠生理	10			
	掌握母牛的妊娠期，并能推算	10			
	掌握母牛的妊娠诊断方法	10			

（续表）

项目	评分标准	分值	自我评价	小组评价	教师评价
任务进度	提前完成为10分，正常完成为7～9分，超时完成为3～6分，未完成为0～2分	10			
任务质量	整体效果很好为10分，较好为7～9分，一般为3～6分，较差为0～2分	10			
素养表现	遵守实验室规定，操作文明、安全	5			
	严格执行操作程序，遵守无菌操作要求	5			
思政表现	遵守道德伦理和相关的法律法规	10			
	激发学生创造性思维	10			
合计		100			
自我评价与总结					
教师点评					

任务二　诊断母羊的妊娠

任务导入

养殖人员掌握准确的母羊早期妊娠诊断方法是至关重要的，早期妊娠诊断旨在配种后能尽早区分妊娠母羊以便进行精细化管理，同时还能在诊断过程中发现母羊的一些生殖疾病，进行及时治疗能有效地减少妊娠母羊的流产风险，极大提高母羊的繁殖效率。

请你根据现有条件，结合本任务知识，掌握母羊妊娠诊断等相关内容，并深入了解相关概念和技术流程，完成相应任务。

任务工单

班级：＿＿＿＿＿＿＿＿　姓名：＿＿＿＿＿＿＿＿　学号：＿＿＿＿＿＿＿＿

<table>
<tr><td>任务名称</td><td colspan="4">母羊妊娠诊断</td></tr>
<tr><td>任务描述</td><td colspan="4">根据实际情况，填写本任务的内容、目的、流程和方法。
任务内容：＿＿＿＿＿＿＿＿
任务目的：＿＿＿＿＿＿＿＿
任务流程：＿＿＿＿＿＿＿＿
任务方法：＿＿＿＿＿＿＿＿</td></tr>
<tr><td>获取信息</td><td colspan="4">要完成任务，需要掌握相关的知识。请收集资料，回答以下问题。
1. 配子运行和受精过程是怎样的？
2. 胚胎发育及附植的过程是怎样的？
3. 母羊的妊娠期生理变化和特点有哪些？</td></tr>
<tr><td>制订计划</td><td colspan="4"></td></tr>
<tr><td rowspan="8">任务实施</td><td colspan="4">按照预先制订的工作计划，完成本任务，并记录任务实施过程</td></tr>
<tr><td>序号</td><td>完成的任务</td><td>遇到的问题</td><td>解决办法</td></tr>
<tr><td>1</td><td>通过书籍、互联网等工具，查阅并收集相关内容，了解相关知识</td><td></td><td></td></tr>
<tr><td>2</td><td>分组研讨母羊妊娠诊断的准备工作有哪些</td><td></td><td></td></tr>
<tr><td>3</td><td>分组讨论母羊的受精过程</td><td></td><td></td></tr>
<tr><td>4</td><td>分组讨论母羊妊娠生理变化及特征</td><td></td><td></td></tr>
<tr><td>5</td><td>实训操作，在老师的组织下，进行母羊的妊娠诊断，并做好记录工作</td><td></td><td></td></tr>
<tr><td>6</td><td>针对在完成活动中遇到的问题及解决情况进行总结</td><td></td><td></td></tr>
</table>

任务准备

知识准备

一、外部观察法

（一）视诊

母羊妊娠表现与牛相同，在妊娠后期右腹壁表现为下垂而突出。

（二）触诊

技术人员用两腿夹住羊的颈部进行保定，以左手从母羊的左侧围住腹部，而右手从右侧抱之，如此用两手在腰椎下轻压腹壁，并用力压迫左侧腹壁，即可将子宫转向右腹壁，而右手则施以微弱压力进行触摸，感觉到胎儿好似硬物漂浮在腹腔内，在营养较差、被毛较少的母羊体内有时可摸到子宫，甚至可触觉胎盘。

二、阴道检查法

妊娠母羊的阴道检查具体方法如下。

（1）将被检母羊牵入保定栏内保定，缠扎其尾并拉向一侧。

（2）对检查用具，如脸盆、镊子、开膣器等，先用清水洗净后，再用火焰消毒，或用消毒液浸泡消毒，再用温开水或蒸馏水将消毒液冲净。用温水洗净母羊阴唇及肛门附近。

（3）在已经消毒的开膣器前端涂以灭菌石蜡油等润滑剂，并用消毒布覆盖备用。

（4）检查者右手持开膣器，左手的拇指和食指将阴唇分开，将开膣器合拢，并使其呈侧向，前端斜向上方缓缓送入阴道，待开膣器完全插入阴道后，轻轻转动开膣器，压拢两手柄，完全张开开膣器，观察阴道及子宫颈变化。

（5）检查完毕，将开膣器放松但不完全闭合，缓缓抽出。清洗、消毒开膣器。

（6）判断妊娠的依据。主要检查母羊的阴道和子宫颈口的颜色、分泌物状态等。母羊在配种后，用开膣器扩张母羊的阴道，发现阴道黏膜在开张阴道时变为苍白色且发涩，子宫颈口苍白，有白色脓状分泌物堵塞颈口（子宫栓），则可确定母羊已经妊娠。这种检查方法适用于母羊配种后的 3～7 d 内。

（7）注意事项。对于妊娠母畜开张阴道是一种不良刺激。因此，阴道检查动作要轻缓，以免造成妊娠中断。

三、超声波诊断法

在羊舍附近的光线不明亮的洁净场所，将母羊放倒，使其呈坐姿且后肢对着检查者，将母羊前肢抓稳进行保定，检查者在母羊鼠蹊部的无毛区涂抹耦合剂，然后将探头紧贴于鼠蹊部来回扫描数遍，借助显示屏图像观察有无出现胎盘子叶状黑色物质、胎儿骨骼及胎儿蠕动等。检查后用涂料分别标记妊娠与未妊娠的母羊，以便做相应处理。这种诊断方法适用于母羊配种 1 个月以后的时间范围内，且需要较高的 B 超仪使用技术和丰富的临床解剖经验。

药品和工具准备

听诊器、肥皂、脸盆、毛巾、消毒药液、绳索、开膣器、探照灯、液体石蜡、酒精棉球、书籍资料、超声波诊断仪等。

人员准备

任务角色	任务内容
组长：	任务：
组员 1：	任务：
组员 2：	任务：
组员 3：	任务：
组员 4：	任务：
组员 5：	任务：

任务检测

请扫码答题。

任务评价

任务评价表

班级：__________　组别：__________　姓名：__________

项目	评分标准	分值	自我评价	小组评价	教师评价
任务实施完成情况	相关知识收集完成度	—			
	母羊妊娠诊断记录翔实度	—			
	分组讨论成果	—			
知识技能	了解母羊受精生理	10			
	掌握母羊早期胚胎发育特点	10			
	掌握母羊妊娠生理	10			
	掌握母羊的妊娠期，并能推算	10			
	掌握母羊的妊娠诊断方法	10			

（续表）

项目	评分标准	分值	自我评价	小组评价	教师评价
任务进度	提前完成为10分，正常完成为7～9分，超时完成为3～6分，未完成为0～2分	10			
任务质量	整体效果很好为10分，较好为7～9分，一般为3～6分，较差为0～2分	10			
素养表现	遵守实验室规定，操作文明、安全	5			
	严格执行操作程序，遵守无菌操作要求	5			
思政表现	遵守道德伦理和相关的法律法规	10			
	激发学生创造性思维	10			
合计		100			
自我评价与总结					
教师点评					

任务三　诊断母猪的妊娠

任务导入

妊娠诊断不仅可以及早发现妊娠母猪，采取相应保胎措施，防止误配，而且能够及早发现空怀母猪，进行复配或治疗，从而缩短母猪繁殖周期，提高繁殖率和经济效益，降低饲养成本。随着集约化养猪业的迅速发展，猪早期妊娠诊断方式也多种多样，正向着快速、准确和生产现场易于操作的方向发展。

请你根据现有条件，结合本任务知识，掌握母猪妊娠诊断等相关内容，并深入了解相关概念和技术流程，完成相应任务。

任务工单

班级：__________ 姓名：__________ 学号：__________

<table>
<tr><td>任务名称</td><td colspan="4">母猪妊娠诊断</td></tr>
<tr><td>任务描述</td><td colspan="4">根据实际情况，填写本任务的内容、目的、流程和方法。
任务内容：
任务目的：
任务流程：
任务方法：</td></tr>
<tr><td>获取信息</td><td colspan="4">要完成任务，需要掌握相关的知识。请收集资料，回答以下问题。
1. 配子运行和受精过程是什么？
2. 胚胎发育及附植的过程是怎样的？
3. 母猪的妊娠期生理变化和特点有哪些？</td></tr>
<tr><td>制订计划</td><td colspan="4"></td></tr>
<tr><td rowspan="8">任务实施</td><td colspan="4">按照预先制订的工作计划，完成本任务，并记录任务实施过程</td></tr>
<tr><td>序号</td><td>完成的任务</td><td>遇到的问题</td><td>解决办法</td></tr>
<tr><td>1</td><td>通过书籍、互联网等工具，查阅并收集相关内容，了解相关知识</td><td></td><td></td></tr>
<tr><td>2</td><td>分组研讨母猪妊娠的准备有哪些</td><td></td><td></td></tr>
<tr><td>3</td><td>分组讨论母猪受精过程</td><td></td><td></td></tr>
<tr><td>4</td><td>分组讨论母猪妊娠生理变化及特征</td><td></td><td></td></tr>
<tr><td>5</td><td>实训操作，在老师的组织下，进行母猪的妊娠诊断，并做好记录</td><td></td><td></td></tr>
<tr><td>6</td><td>针对在完成活动中遇到的问题及解决情况进行总结</td><td></td><td></td></tr>
</table>

任务准备

知识准备

一、外部观察法

（一）视诊

母猪妊娠后半期，表现温顺、好睡、疲倦、食香、食量逐渐增加。腹部显著增大下垂，但在胎儿少时不明显。乳房皮肤发红，逐渐增大，乳头随之增大。

（二）触诊

触诊时，将母猪保定后，仔细触摸妊娠3个月的母猪腹壁，可在乳房的上方与最后两乳头平行处触摸到胎儿。消瘦的母猪在妊娠后期比较容易触摸。

二、超声波诊断法

早期探测部位，经产母猪在倒数第二对乳头至第三对乳头之间、母猪乳基部起外侧5～10 cm，后备母猪在倒数第一对至第二对乳头上方、母猪乳基部起外侧5～10 cm。耦合剂涂抹于B超探头上，在探头表面和皮肤之间良好浸润以彻底排除空气，形成使超声波顺畅和不失真传播的通道，使成像清晰。将探头贴于腹壁向内紧压，以便挤开肠管更能接近子宫，提高检出率，一个点探查结束后，探头向前移半个至一个乳房继续探查，直至确诊为止。如果检测到有胚胎，就不用再检测另一边；如果没有检测到胚胎，则左右两边都需要检测，避免漏检。随妊娠天数的增加，应扩大上下前后的探测位置。当发现生殖道中出现界限清晰、充满液体的泡状结构时，即可认为受孕。

实习动物、药品和工具准备

妊娠2个半月以上的母猪若干头，保定器械、听诊器、妊娠诊断仪、肥皂、脸盆、毛巾、消毒药液、绳索、酒精棉球等。

人员准备

任务角色	任务内容
组长：	任务：
组员1：	任务：
组员2：	任务：
组员3：	任务：
组员4：	任务：
组员5：	任务：

任务检测

请扫码答题。

任务评价

任务评价表

班级：__________　组别：__________　姓名：__________

项目	评分标准	分值	自我评价	小组评价	教师评价
任务实施完成情况	相关知识收集完成度	—			
	母猪妊娠诊断记录翔实度	—			
	分组讨论成果	—			
知识技能	了解母猪受精生理	10			
	掌握母猪早期胚胎发育特点	10			
	掌握母猪妊娠生理	10			
	掌握母猪的妊娠期，并能推算	10			
	掌握母猪的妊娠诊断方法	10			
任务进度	提前完成为10分，正常完成为7～9分，超时完成为3～6分，未完成为0～2分	10			
任务质量	整体效果很好为10分，较好为7～9分，一般为3～6分，较差为0～2分	10			
素养表现	遵守实验室规定，操作文明、安全	5			
	严格执行操作程序，遵守无菌操作要求	5			
思政表现	遵守道德伦理和相关的法律法规	10			
	激发学生创造性思维	10			
合计		100			
自我评价与总结					
教师点评					

项目五 助产与护理妊娠母畜

项目导读

母畜分娩是一个生理过程，分娩是否顺利取决于母畜的分娩力、母畜的产道和胎儿的状态等三方面因素，如果其中一方面因素不正常，会阻碍分娩，造成难产。顺产和难产也可以相互转化，环境嘈杂和人为的干扰，可能会使顺产变成难产。难产时，如母畜不能得到及时治疗，将会给养殖场带来较大的经济损失。因此，在养殖过程中助产技术的应用具有现实意义，通过掌握技术要点，熟练操作该技术，可以有效降低母畜难产率。

学习目标

知识目标

（1）掌握引起分娩的因素和各种家畜分娩时的预兆。

（2）掌握助产的原则及注意事项。

（3）掌握母畜产后的恢复及仔畜的护理。

技能目标

（1）掌握母畜助产技术。

（2）会正确护理新生仔畜。

思政目标

（1）培养学生正确的价值观，树立尊重生命、关爱动物的观念和主动担责的品质。

（2）使学生学会正确的认识论和方法论去认识世界和改造世界，培养学生求真务实，开拓进取的精神。

任务一　助产与护理妊娠母牛

任务导入

在母牛的养殖生产过程中，母牛的分娩是需要经常处理的一个重要问题。通常情况下，在饲养管理比较科学合理的情况下，母牛的营养和体况都比较好的时候，饲养管理技术人员所做的引产措施也比较完善的情况下，母牛大部分都可以非常顺利地产犊。相反，由于一些原因，也会有部分母牛难产的情况发生，如果没有及时发现并且采取恰当的措施进行助产，便会引起母牛的生殖器官疾病，甚至造成胎儿或母牛死亡。

请你根据现有条件，结合本任务知识，掌握母牛助产、产后护理等相关内容，并深入了解相关概念和技术流程，完成相应任务。

任务工单

班级：＿＿＿＿＿＿＿＿　姓名：＿＿＿＿＿＿＿＿　学号：＿＿＿＿＿＿＿＿

任务名称	助产与护理妊娠母牛
任务描述	根据实际情况，填写本任务的内容、目的、流程和方法。 任务内容：＿＿＿＿＿＿＿＿ 任务目的：＿＿＿＿＿＿＿＿ 任务流程：＿＿＿＿＿＿＿＿ 任务方法：＿＿＿＿＿＿＿＿
获取信息	要完成任务，需要掌握相关的知识。请收集资料，回答以下问题。 1. 母牛分娩的机理是什么？ 2. 母牛分娩预兆有哪些？ 3. 母牛分娩有哪些过程？

（续表）

<table>
<tr><td>制订计划</td><td colspan="4"></td></tr>
<tr><td rowspan="8">任务实施</td><td colspan="4">按照预先制订的工作计划，完成本任务，并记录任务实施过程</td></tr>
<tr><td>序号</td><td>完成的任务</td><td>遇到的问题</td><td>解决办法</td></tr>
<tr><td>1</td><td>通过书籍、互联网等工具，查阅并收集相关内容，了解相关知识</td><td></td><td></td></tr>
<tr><td>2</td><td>分组研讨母牛产前的准备工作</td><td></td><td></td></tr>
<tr><td>3</td><td>分组讨论分娩过程</td><td></td><td></td></tr>
<tr><td>4</td><td>分组讨论产后母牛和牛犊的护理</td><td></td><td></td></tr>
<tr><td>5</td><td>实训操作，在老师的组织下，进行母牛的助产与护理，并做好记录工作</td><td></td><td></td></tr>
<tr><td>6</td><td>针对在完成活动中遇到的问题及解决情况进行总结</td><td></td><td></td></tr>
</table>

任务准备

知识准备

一、牛体消毒

用 0.1% 高锰酸钾溶液洗净母牛的外阴部、肛门、尾根及后臀部，并擦干。牛床要铺上柔软垫草。

二、正常分娩的助产

母牛临产时，注意要让牛向左侧卧。当母牛阵痛努责加剧，胎儿的两前肢伸出，随后是头、躯干和后肢产出，这是正常的顺产，助产者只要稍加帮助即可。如果胎儿头部已露出阴门外，而羊膜却没有破裂，此时应立即撕破羊膜，使胎儿鼻子露出来，以防胎儿窒息。如果羊膜还在阴门内，不要过早扯破，否则羊水流出过早，不利胎儿产出。

当羊水流出，而胎儿仍未产出时，母牛阵缩及努责又减弱时，应进行助产。具体方法如下。

用助产绳系住胎儿两前肢部。由助手拉住绳子，助产者将手臂消毒并涂上润滑剂后，伸入产道，大拇指插入胎儿口角，捏住下颌，趁母牛努责时同助手一起向外拉，用力方向应与荐椎平行。当胎儿头部通过阴门时，要用双手按压阴唇及会阴部，以防撑破。拉出时要配合母牛阵缩和努责，用力要缓，并上下左右反复活动胎儿，术者保护胎儿及产道，令助手按照骨盆轴方向强行拉出胎儿。当胎儿腹部通过阴门时，要用手捂住胎儿脐带根部，防止脐带断在脐孔内。如果是倒生，当两后肢产出时，应迅速拉出胎儿，以防胎儿憋死。

母牛产后 4～6 h 会将胎衣排出。胎衣排出后应检查是否完整，以免部分滞留在母牛体内。如果胎衣滞留 24 h（夏季 12 h）以上，应进行手术剥离。胎衣排出并检查后，应及时取走，避免母牛吞食，造成消化不良。

三、难产的救助方法

（一）难产的检查

受母牛骨盆结构影响，其直径比较狭窄和曲折，再受胎儿等其他因素所影响，使母牛较其他家畜更容易发生难产，因此需做好以下工作：出现难产后，首先检查母牛产道有没有水肿、干燥、损伤，子宫颈的开张程度，骨盆有没有畸形、肿瘤等情况，注意产道内羊水的气味和颜色；其次检查胎儿，了解胎儿进入产道实际的程度，胎向、胎位有没有异常，判断胎儿的死活。

（二）难产的救助原则

当遇到难产时，应立即请兽医助产，并遵守一定的助产原则。助产时，除注意挽救母牛和胎儿外，要尽量保持母牛的繁殖力，防止产道的损伤、破裂和感染。为便于矫正和拉出胎儿，特别是当产道干燥时，应向产道内灌注大量润滑剂。矫正异常胎势时，要力求在母牛阵缩间歇期将胎儿推回子宫，以利矫正胎势。

（三）难产的救助方法

结合上述检查确定助产方法。如胎儿太大时，可将胎儿两肢掌部用绳子束缚起来，再缓慢地用力往外拉。牵拉时要配合母牛努责，以免强拉导致子宫外翻。同时，避免用力过猛导致会阴撕裂。胎儿倒生时，应牵拉后腿，迅速地将胎儿拉出，避免在骨盆的入口处压迫脐带，使胎儿因窒息而出现死亡。胎儿产出部位异常状况时，需矫正胎儿位置，利用母牛努责时间，将胎儿往子宫内推回，以此完成矫正。若异位矫正没有效果时，应该为母牛做剖宫产手术。即切开难产母畜的腹壁后，不切开子宫壁，术者手伸入母畜腹腔，助产者手臂通过母牛产道伸入子宫内，二者协同配合，矫正异常胎势、胎向、胎位，然后通过产道拉出难产胎儿的一种新的助产技术。

（四）难产的预防

难产极易引起仔畜的死亡并严重危害母牛的生命和以后的繁殖能力。因此，难产的预防是十分重要的。首先，在配种管理上要避免母牛过早配种，由于青年母牛仍在发育，分娩时常因骨盆狭窄导致难产。其次，要注意妊娠期间母牛的合理饲养，防止母牛过肥、胎儿过大。对妊娠母牛要安排适当的使役和运动，这对胎儿在子宫内位置的调整、减少难产和胎衣不下等都有积极的作用。此外，在临产前及时对孕牛进行检查、矫正胎位也是减少难产发生的有效措施。

四、新生牛犊护理

新生牛犊的特点是生理机能还不甚完善，加之气体交换、营养物质的代谢和利用、环境温度的稳定性等方面与在母体内相比，都发生了急骤的变化。为使牛犊尽快适应改变了的新环境，减少新生牛犊的病患和死亡，应注意以下 4 个方面的工作。

（1）为防止新生牛犊窒息，当牛犊出生后应立即清除其口腔和鼻腔的黏液。一旦出现窒息，应立即查找原因并施行人工呼吸。

（2）由于新生牛犊的体温调节中枢尚未发育完全，皮肤调节体温的能力也比较差，在外界环境温度较低，特别是冬、春季节要注意牛犊的防寒、保温。分娩后应尽量擦干或让母牛舔干牛犊身上的黏液，可减少牛犊热量的散失，并有利于母仔感情的建立。

（3）母牛产后，头几天分泌的乳汁为初乳。一般产后 4～7 d 即变为常乳。初乳的营养丰富，蛋白质、矿物质和维生素 A 等脂溶性维生素的含量较高，且容易消化，甚至有些小分子物质不经肠道消化可直接吸收。特别是初乳内还含有大量的免疫抗体，这对新生牛犊获得免疫抗体提高抗病能力是十分必要的，因此，必须使新生牛犊尽早吃到初乳。

（4）对于因某些原因而失乳的牛犊应进行人工哺乳或寄养，要做到定时、定量、定温。用牛奶或奶粉给其他畜种的牛犊人工哺乳时，最好除去脂肪并加入适量的糖、鱼肝油、食盐等物质，并做适当的稀释。

五、产后母牛的护理

分娩和分娩以后，由于胎儿的产出，产道的开张以及产道和黏膜的某些损伤，母牛体力的大量消耗，特别是子宫内恶露的存在，加之母牛在这段时间抵抗力的降低，都为病原微生物侵入和感染创造了条件。为使产后母牛尽快恢复正常，应对其进行妥善的饲养管理。

对产后母牛的外阴部和臀部要做认真的清洗和消毒，勤换洁净的垫草；供给质量好，营养丰富和容易消化的饲料；根据母牛品种的不同，一般在 1～2 周内转为常规饲料；对役用母牛在产后 15～20 d 内停止使役；注意观察产后母牛的行为和状态，发现异常情况应立即采取措施。

实习动物、药品和工具准备

临产前的母牛若干，牲血素、5% 碘酊、2% 氢氧化钠溶液、催产素、2% 敌百虫、0.1% 高锰酸钾、手刷、偏嘴钳、缠尾带、细线绳、助产绳、胶靴、剪刀、耳号钳、工作服、肥皂、毛巾、脸盆等。

人员准备

任务角色	任务内容
组长：	任务：
组员 1：	任务：
组员 2：	任务：
组员 3：	任务：
组员 4：	任务：
组员 5：	任务：

任务检测

请扫码答题。

任务评价

任务评价表

班级：＿＿＿＿＿＿＿＿　组别：＿＿＿＿＿＿＿＿　学号：＿＿＿＿＿＿＿＿

项目	评分标准	分值	自我评价	小组评价	教师评价
任务实施完成情况	相关知识收集完成度	—			
	妊娠母牛助产与护理记录翔实度	—			
	分组讨论成果	—			
知识技能	了解母牛分娩前的准备工作	10			
	掌握母牛分娩机理和预兆	10			
	掌握母牛难产救助原则和注意事项	10			
	掌握母牛助产技术	10			
	掌握产后母牛和新生牛犊的护理技术	10			

（续表）

项目	评分标准	分值	自我评价	小组评价	教师评价
任务进度	提前完成为 10 分，正常完成为 7～9 分，超时完成为 3～6 分，未完成为 0～2 分	10			
任务质量	整体效果很好为 10 分，较好为 7～9 分，一般为 3～6 分，较差为 0～2 分	10			
素养表现	遵守实习牧场规定，操作文明、安全	5			
	严格执行操作程序，遵守无菌操作要求	5			
思政表现	尊重生命、关爱动物的观念和主动担责的品质	10			
	求真务实，开拓进取的精神	10			
合计		100			
自我评价与总结					
教师点评					

任务二　助产与护理妊娠母羊

任务导入

冬季是母羊产仔高峰期，由于肉羊体型大，运动量小等因素，母羊难产率较高，尤其头胎难产的现象更为显著。某羊场一母羊为头胎，于 2023 年 7 月 26 日人工授精受孕，预产期是 2023 年 12 月 23 日。12 月 22 日上午，发现母羊烦躁不安，开始努责，稍后阴道有黏液疑似羊水破裂。20 min 后小羊一只前腿伸出。但将小羊顺利娩出，明显较为困难。

请你根据现有条件，结合本任务知识，协助母羊完成助产。

任务工单

班级：__________　　姓名：__________　　学号：__________

<table>
<tr><td>任务名称</td><td colspan="4">助产与护理妊娠母羊</td></tr>
<tr><td>任务描述</td><td colspan="4">根据实际情况，填写本任务的内容、目的、流程和方法。
任务内容：__________
任务目的：__________
任务流程：__________
任务方法：__________</td></tr>
<tr><td>获取信息</td><td colspan="4">要完成任务，需要掌握相关的知识。请收集资料，回答以下问题。
1. 母羊分娩的机理是什么？
2. 母羊分娩预兆是什么？
3. 母羊分娩过程是怎样的？</td></tr>
<tr><td>制订计划</td><td colspan="4"></td></tr>
<tr><td rowspan="8">任务实施</td><td colspan="4">按照预先制订的工作计划，完成本任务，并记录任务实施过程</td></tr>
<tr><td>序号</td><td>完成的任务</td><td>遇到的问题</td><td>解决办法</td></tr>
<tr><td>1</td><td>通过书籍、互联网等工具，查阅并收集相关内容，了解相关知识</td><td></td><td></td></tr>
<tr><td>2</td><td>分组研讨母羊产前的准备工作</td><td></td><td></td></tr>
<tr><td>3</td><td>分组讨论母羊分娩过程</td><td></td><td></td></tr>
<tr><td>4</td><td>分组讨论产后母羊和羔羊的护理</td><td></td><td></td></tr>
<tr><td>5</td><td>实训操作，在老师的组织下，进行母羊的助产与护理，并做好记录工作</td><td></td><td></td></tr>
<tr><td>6</td><td>针对在完成活动中遇到的问题及解决情况进行总结</td><td></td><td></td></tr>
</table>

任务准备

知识准备

一、产前准备

（一）产羔舍的准备

北方地区冬季寒冷，产羔舍应采取坐北朝南，必须保证光照充足、通风良好，室温保持在 10 ℃以上。为防止母羊和羔羊受凉，可在地面铺上垫草或碎秸秆。羊舍内部消毒可以用过氧乙酸、石灰乳等消毒剂进行消毒。

（二）母羊的准备

临近妊娠母羊的预产期即可转入产羔舍，一般母羊妊娠 140 d 左右即可转入产羔舍待产。在分娩前将母羊乳房周围的羊毛剪净，然后用温水清洗干净。再将母羊的外阴、肛门、尾根等处用温水清洗后再消毒。

（三）用具及器械的准备

产羔舍内应准备好注射器、听诊器、润滑剂、剪子、纱布、5% 碘酊、2% 来苏尔、催产药、破伤风血清、青霉素等物品。

二、母羊的助产

母羊在分娩时原则上是不予干扰，尽量让其自行分娩，剪净母羊乳房周围和后肢内侧羊毛，用温水洗净乳房，挤出几滴初乳，将尾根部、外阴部、肛门洗净，用 1% 来苏尔消毒。正常情况下，羊羔一般是两前肢先出，头部伏在两前肢上，随母羊努责自行产出。当产双羔时（间隔 10～30 min 或更长时间），母羊仍有努责阵痛表现，接羔人员必须检查是否还有第二个羊羔。以手掌在母羊腹部前侧适力颠举，如有双羔，可触感到光滑的羔体。

若产道狭小或分娩疲乏无力，可在母羊体后侧，用膝盖轻压肷部，待羔羊嘴露出后，以一手向前推母羊会阴部，羔羊头露出后，再用一手托住头部，一手握前肢，随母羊的努责向后下方拉出羔羊。将羔羊口、鼻、耳内的黏液掏出擦净。羔羊身上的黏液最好让母羊舔干，如母羊不舔或天气寒冷，接羔人员应迅速将羔体擦干。一般情况下，羔羊会自行扯断脐带。人工助产的羔羊，助产者应剪断脐带并进行消毒。

三、难产的救助方法

母羊因其自身生理结构较少出现难产，但随着饲养管理方法的不断进步，羔羊的初生重越来越大，产双羔的比率也越来越高，这些都增加了母羊分娩时出现难产的概率，因此要做好助产的准备工作，当母羊发生难产时要科学助产，根据实际引发难产的原因，以及羔羊的胎位来选择合适的助产方法，以免伤害到母羊和羔羊。

（一）催产素

如胎位正常、年龄较大的母羊出现难产可使用催产素，用量要控制在 20 IU 以下。

（二）牵引术

如母羊胎位异常且出现难产的时间较短，可先进行牵引术助产，现场操作时要安排他人协助，明确牵引方向，灌入润滑剂，再一同牵拉促使胎儿排出。

（三）剖宫产手术

如确定难产母羊体内的羔羊发生气肿或者已经死亡，要立即采取剖宫产手术。

四、新生羔羊护理

（一）清除黏液

羔羊产出后，使用干净的毛巾及时地将口腔、鼻腔以及眼、耳部的黏液清理干净。羔羊身上的黏液要让母羊舔舐干净，这样可促进母子的感情，如果母羊拒绝舔羔羊，助产人员要及时使用柔软的干草或毛巾将其体表擦干，防止羔羊受凉。

（二）断脐

羔羊会自行扯断脐带，对于没有扯断脐带的羔羊则要进行人工断脐，先将脐血向羔羊脐部推挤几下，然后在距离羔羊腹部 4～6 cm 处使用消过毒的剪刀剪断，最后使用 3%～5% 的碘酊消毒。

（三）吃初乳

羔羊要尽早吃上初乳，最好在产出后的 1～2 h 内。如果遇到母羊乳汁分泌不足、无乳或者一胎多羔时，及时地找保姆羊喂奶，或进行人工喂奶。

（四）假死羔羊处理

羔羊出生后，如不呼吸，但发育正常，有心脏跳动，称假死。处理方法是：提起羔羊两后肢，悬空并不时拍击其背部和胸部；或让羔羊平卧，用两手有节奏地推压胸部两侧。

五、产后母羊的护理

母羊产后排出的胎衣应及时清除，谨防母羊吞食。母羊产后体能消耗大、水分流失多，抵抗力减弱，要更换分娩舍内的垫草，及时饮温水，水中加入红糖、麦麸，可帮助母羊迅速恢复体力，剪去母羊乳房周围的羊毛，检查乳房是否有肿块或炎症，避免引起乳房炎症。如果小羊只吃一侧奶，要及时挤出对侧乳房中的乳汁，以防引起乳房炎。

实习动物、药品和工具准备

临产前的母羊若干只、水桶、毛巾、脸盆、剪刀、消毒药、干草、秤以及记录本等。

人员准备

任务角色	任务内容
组长：	任务：
组员 1：	任务：
组员 2：	任务：
组员 3：	任务：
组员 4：	任务：
组员 5：	任务：

任务检测

请扫码答题。

任务评价

任务评价表

班级：________ 组别：________ 姓名：________

项目	评分标准	分值	自我评价	小组评价	教师评价
任务实施完成情况	相关知识收集完成度	—			
	妊娠母羊助产与护理记录翔实度	—			
	分组讨论成果	—			
知识技能	了解母羊分娩前的准备工作	10			
	掌握母羊分娩机理和预兆	10			
	掌握母羊难产救助原则和注意事项	10			
	掌握母羊助产技术	10			
	掌握产后母羊和新生羔羊的护理技术	10			
任务进度	提前完成为 10 分，正常完成为 7～9 分，超时完成为 3～6 分，未完成为 0～2 分	10			

（续表）

项目	评分标准	分值	自我评价	小组评价	教师评价
任务质量	整体效果很好为 10 分，较好为 7～9 分，一般为 3～6 分，较差为 0～2 分	10			
素养表现	遵守实习牧场规定，操作文明、安全	5			
	严格执行操作程序，遵守无菌操作要求	5			
思政表现	尊重生命、关爱动物的观念和主动担责的品质	10			
	求真务实，开拓进取的精神	10			
合计		100			
自我评价与总结					
教师点评					

任务三　助产与护理妊娠母猪

任务导入

养猪生产中经常有怀孕母猪因缺乏运动或饲养管理不当等原因，呈现过肥或消瘦、腹中胎儿过大以及胎位异常等情况，进而造成母猪出现难产，如果不能及时有效处理或处理不当，还会造成胎儿或母猪死亡，给养猪生产造成经济损失。

请你根据现有条件，结合本任务知识，掌握母猪助产、产后护理等相关内容，并深入了解相关概念和技术流程，完成相应任务。

任务工单

班级：__________ 姓名：__________ 学号：__________

<table>
<tr><td>任务名称</td><td colspan="4">助产与护理妊娠母猪</td></tr>
<tr><td>任务描述</td><td colspan="4">根据实际情况，填写本任务的内容、目的、流程和方法。
任务内容：__________
任务目的：__________
任务流程：__________
任务方法：__________</td></tr>
<tr><td>获取信息</td><td colspan="4">要完成任务，需要掌握相关的知识。请收集资料，回答以下问题。
1. 母猪分娩的机理是什么？
2. 母猪分娩预兆有哪些？
3. 母猪分娩过程是怎样的？</td></tr>
<tr><td>制订计划</td><td colspan="4"></td></tr>
<tr><td rowspan="8">任务实施</td><td colspan="4">按照预先制订的工作计划，完成本任务，并记录任务实施过程</td></tr>
<tr><td>序号</td><td>完成的任务</td><td>遇到的问题</td><td>解决办法</td></tr>
<tr><td>1</td><td>通过书籍、互联网等工具，查阅并收集相关内容，了解相关知识</td><td></td><td></td></tr>
<tr><td>2</td><td>分组研讨母猪产前的准备工作</td><td></td><td></td></tr>
<tr><td>3</td><td>分组讨论母猪分娩过程</td><td></td><td></td></tr>
<tr><td>4</td><td>分组讨论产后母猪和仔猪的护理</td><td></td><td></td></tr>
<tr><td>5</td><td>实训操作，在老师的组织下，进行母猪的助产与护理，并做好记录工作</td><td></td><td></td></tr>
<tr><td>6</td><td>针对在完成活动中遇到的问题及解决情况进行总结</td><td></td><td></td></tr>
</table>

任务准备

知识准备

一、母猪助产与护理

（一）产前准备

在母猪产前2周左右，用2%敌百虫液喷雾，灭除母猪体外寄生虫。产前3～5 d，将母猪引入产房。产前1 d，打扫干净圈舍，将母猪暂时隔离后，用2%氢氧化钠溶液喷洒消毒。干燥后，垫上干净、柔软的垫草后将母猪赶入圈内，同时做好保温工作。备齐接产用品。在母猪臀部挂黏以后，对母猪的臀部、乳房进行清洗、消毒，然后用干净的布擦干。

（二）助产方法

当母猪的产道中流出大量的液体时，接产人员就要立刻进入接产状态。发现有仔猪的鼻嘴露出产道时，立刻将仔猪鼻嘴上的黏膜扣破，并将鼻腔中的黏液掏出。然后用柔软的垫草将其鼻和全身黏液擦拭干净。

（三）难产救助

当发现母猪羊水破裂后0.5 h仍不能产出仔猪，即可确定为难产。根据产前诊断结果，采取合适的方法开展助产工作。如因为膀胱积攒尿液过多导致母猪出现难产，在助产时先要帮助母猪排出尿液，再实施助产；如是初产母猪，其生产能力较弱，可先注射催产素，帮助母猪顺利生产。

子宫收缩无力可用催产素或垂体后叶素10～30 IU肌内注射。胎位、胎向、胎势异常，应根据具体情况，进行不同的处理法。一般采取将胎儿往子宫内推送后将胎儿纠正成正生或倒生，再引出胎儿的助产方式。骨盆腔狭窄或胎儿过大，骨盆骨折等，胎儿无法通过产道产出，只能采用剖腹取胎术。

（四）新生仔猪护理

1. 做好接产工作

仔猪在出生后需要尽快将口腔、鼻腔中、身体表面黏液清理干净，再实施断脐，在距离脐部的5～6 cm处用消毒过的剪刀剪断，再将脐带内的血液向腹部方向挤压，捏住断端直至不出血后，涂5%碘酊消毒。用偏嘴钳将新生仔猪上、下各2对犬牙剪除。用耳号钳打好耳号，注射牲血素。按上述步骤把处理好的仔猪放在温暖的地方，以免受凉。

2. 假死仔猪急救

一是迅速用清洁布片将仔猪口鼻部的黏液擦干净，用吹气法进行人工呼吸。二是倒提仔猪后腿，促使黏液从气管内排出，并用手连续轻拍其胸部，直至发出叫声为止。三是把假死的仔猪仰卧在垫草上，用手拉住前肢，令其前后伸屈，一紧一松地压迫胸部，实行人工呼吸。

3. 固定乳头

要想仔猪获得被动免疫，需要其尽早地吃上充足的初乳，最晚不得超过 7 d。然后仔猪进入吃常乳的阶段。对于有些仔猪在出生后体质较差，需要工作人员帮助其找到奶头或者实施人工辅助喂奶，以确保仔猪吃上充足的乳汁。为了让初生仔猪尽快吃到、吃够初乳，需要为仔猪固定奶头，应该根据仔猪的具体情况安排固定相应的奶头，遵守以仔猪自选为主、个别调整为辅的原则，将弱猪固定在母猪前中部乳头，壮猪固定在母猪的后部乳头，保证仔猪吃足初乳。一般需要对其管理 3 d 左右，待乳头秩序建立后，就不再需要安排人员进行乳头固定工作。

4. 防冻、防压

由于初生仔猪的体温调节能力较差，对外界环境温度的要求较高，需要为仔猪在产房内设置保温箱，或者设置 250 W 的红外保温灯等保暖设施保证舍内温度适宜，促进仔猪生长发育。通常母猪会留意庇护自身的仔猪，在行走、卧睡时会持续用嘴将仔猪拱出卧位，以免压伤仔猪，但初生仔猪的行动慢，回应迟缓，如稍有不注意就可能被母猪踩死或者压死，或者母猪母性较差时，会出现压死仔猪的现象。因此，一方面要对母猪和仔猪精心地管理，另一方面则尤其要注意做好日常的巡查工作，避免出现仔猪被压死的现象。

（五）产后母猪护理

产后母猪体液和体力都已经严重消耗，必须要及时地给母猪补充水分及能量物质，以保证母猪体内水分能够快速地补充，体力得到迅速地恢复，为仔猪哺乳做好准备工作。母猪生产第二天之后，就可以给母猪喂食流质食物，根据母猪身体恢复状况，增加饲料量，促使母猪的体质尽快恢复到分娩前的状态。同时注意产房卫生并保持安静，让母猪有充分的休息时间。

二、仔猪的寄养

（一）寄养的原因

（1）母猪产仔过多，仔猪初生重较小，且有效乳头数不足。一些弱小仔猪如不及时进行护理，很容易死亡。为了让初生仔猪吃到足量的初乳，提高仔猪的存活率，一般会将弱小仔猪集中到产房中母性较好的母猪进行哺育。

（2）母猪的乳房因病不能正常泌乳或母猪死亡，导致不得不进行寄养。这种情况应该及时将新生仔猪寄养到正处于哺乳期的母猪处，让其吃到初乳。

（3）母猪母性差，有咬仔食仔的恶习。这种情况需要猪场在母猪产后把仔猪及时抱走，以防母猪咬仔，造成经济损失。

（二）寄养的方法

寄养的形式有多种，一般可以分为 4 种：紧急寄养、直接寄养、交叉寄养、返回寄养，不论采取哪一种寄养方式，都是以让仔猪尽快吃到初乳为目的，保证仔猪的正常生长发育。

（三）寄养的注意事项

（1）虽然有研究表明寄养工作对母猪影响较小，但是寄养对仔猪及母猪都有可能产生应激，因此猪场必须严格按照寄养原则来完成寄养工作，一般要求非必要不进行仔猪寄养。

（2）仔猪寄养有疾病传播的风险，会导致猪舍内不同栏之间仔猪和母猪感染疾病，所以在寄养时要提前分析问题，再决定是否进行寄养。否则，不科学的寄养不仅达不到预期的效果，反而会影响到生产性能。

（3）仔猪寄养一般选择壮猪进行寄养，不要寄养弱猪。在仔猪寄养前可以让仔猪吃足初乳，刚寄养时需要安排饲养员对寄养仔猪进行看护，如果仔猪不适应新环境，则需要重新返回之前的栏舍。

（4）寄养母猪母性要好，能够接受外来仔猪，要有较高的泌乳能力，不影响到寄养仔猪的初乳摄入量。同时也要求其性情温和，对寄养仔猪不排斥，有较强的带仔能力。

（5）哺乳仔猪寄养的时间应该尽量早。有研究表明，分娩当天寄养比分娩第二天后寄养能更好地降低哺乳仔猪的死亡率。

实习动物、药品和工具准备

临产前的母猪若干、水桶、毛巾、脸盆、剪刀、消毒药、秤以及记录本等。

人员准备

任务角色	任务内容
组长：	任务：
组员 1：	任务：
组员 2：	任务：
组员 3：	任务：
组员 4：	任务：
组员 5：	任务：

任务检测

请扫码答题。

任务评价

任务评价表

班级：______________ 组别：______________ 姓名：______________

项目	评分标准	分值	自我评价	小组评价	教师评价
任务实施完成情况	相关知识收集完成度	—			
	妊娠母猪助产和护理记录翔实度	—			
	分组讨论成果	—			
知识技能	了解母猪分娩前的准备工作	10			
	掌握母猪分娩机理和预兆	10			
	掌握母猪难产救助原则和注意事项	10			
	掌握母猪助产技术	10			
	掌握产后母猪和新生仔猪的护理技术	10			
任务进度	提前完成为 10 分，正常完成为 7～9 分，超时完成为 3～6 分，未完成为 0～2 分	10			
任务质量	整体效果很好为 10 分，较好为 7～9 分，一般为 3～6 分，较差为 0～2 分	10			
素养表现	遵守实习牧场规定，操作文明、安全	5			
	严格执行操作程序，遵守无菌操作要求	5			
思政表现	尊重生命、关爱动物的观念和主动担责的品质	10			
	求真务实，开拓进取的精神	10			
合计		100			
自我评价与总结					
教师点评					

项目六 繁殖管理

项目导读

学习动物繁殖技术的主要目的在于：第一，能够理解和掌握动物繁殖的过程及繁殖生理，能够用相关理论知识解释动物繁殖现象；第二，能够运用繁殖新技术，保证动物正常繁殖力，并且通过技术调控，进一步提高动物生产力，充分发挥动物遗传特性；第三，通过加强动物繁殖管理，主要研究通过提高动物群体繁殖效率的理论及技术措施，不断提高动物繁殖力。

随着技术手段的不断进步，人为调控动物生殖过程已经成为一种重要技术手段，如利用外源性的激素制剂，对母畜进行同期发情处理、诱导发情处理及同期排卵处理等技术手段，缩短母畜的繁殖周期，有利于人工授精技术的开展；通过胚胎移植操作，能充分发挥优良母畜的繁殖潜力，有利于发挥优良母畜繁殖性能；通过繁殖力评价，能有效掌握群体的繁殖能力，进一步制订繁殖计划。

学习目标

知识目标

（1）掌握同期发情、诱导发情和超数排卵的机理及方法。

（2）掌握胚胎移植的生理基础和移植原则。

（3）掌握畜禽繁殖力评价指标意义及计算方法。

技能目标

（1）会使用激素对母畜进行超数排卵及同期发情的处理。

（2）会利用激素对供体及受体进行处理。

（3）会计算畜禽各繁殖力指标。

思政目标

（1）教育引导学生具备吃苦耐劳的素质。

（2）培养学生树立专业自信，具备较强的专业认同感。

（3）引导学生注重生物安全意识。

任务一　控制母畜发情

任务导入

发情控制是指通过外源性的激素制剂、药物或改善饲养管理条件，人为控制及干预家畜生殖过程，提高家畜繁殖力的技术措施。发情控制技术主要针对非繁殖季节的母畜及乏情的母畜，通过人为利用药物进行调控，使这些母畜能够正常发情及排卵，其次是将处于不同发情周期的母畜调控至某时间段内集中进行发情排卵，有利于人工授精技术的集中开展，同时便于集中组织管理，缩短繁殖周期，提高繁殖效率。

假如你是羊场繁殖工，现根据配种计划，将于1个月后进行集中人工授精，请你制订能使繁殖母羊群同期发情及同期排卵的方案，并根据方案开展同期发情及同期排卵技术操作。

任务工单

班级：__________　　姓名：__________　　学号：__________

任务名称	畜群同期发情操作
任务描述	根据实际情况，填写本任务的内容、目的、流程和方法。 任务内容：__________ 任务目的：__________ 任务流程：__________ 任务方法：__________
获取信息	要完成任务，需要掌握相关的知识。请收集资料，回答以下问题。 1. 家畜常规的发情控制技术有哪些？分别有哪些优点？ 2. 同期发情依据的原理是什么？

（续表）

<table>
<tr><td>获取信息</td><td colspan="4">3. 如何利用外源性的激素制剂对母畜群进行同期发情及同期排卵操作?</td></tr>
<tr><td>制订计划</td><td colspan="4"></td></tr>
<tr><td rowspan="7">任务实施</td><td colspan="4">按照预先制订的工作计划，完成本任务，并记录任务实施过程</td></tr>
<tr><td>序号</td><td>完成的任务</td><td>遇到的问题</td><td>解决办法</td></tr>
<tr><td>1</td><td>通过书籍、互联网等工具，查阅并收集相关内容，了解相关知识</td><td></td><td></td></tr>
<tr><td>2</td><td>分组研讨，正确准备同期发情所需药品及工具</td><td></td><td></td></tr>
<tr><td>3</td><td>分组制定同期发情方案</td><td></td><td></td></tr>
<tr><td>4</td><td>实训操作，在老师的组织下，对畜群进行同期发情处理，并做好记录</td><td></td><td></td></tr>
<tr><td>5</td><td>针对在完成活动中遇到的问题及解决情况进行总结</td><td></td><td></td></tr>
</table>

任务准备

知识准备

一、同期发情

使一群母畜在同一时期内发情并排卵的技术，称为同期发情。

（一）同期发情的意义

同期发情实质是诱导家畜群体在同一时期集中发情排卵的方法，在畜牧生产中的主要意义是便于组织生产和管理，提高畜群的发情率和繁殖率。例如，在人工授精技术和胚胎移植技术推广应用中，如果使用同期发情技术，操作起来就比较方便。但是，同期发情技术的应用必须与养殖场实际情况相结合才能产生预期效果。如果使用冷冻精液进行配种或使用新鲜胚胎进行移植，则推广应用同期发情技术就可达到预期效果。如果使用新鲜精液配种或冷冻胚胎移植，就不一定需要进行同期发情。相反，在自然交配情况下，当公畜数量不足以承受同期发情母畜的配种能力，则不能进行同期发情处理。

（二）同期发情的基本原理

同期发情是通过调节发情周期，控制群体母畜的发情排卵在同一时期发生，使黄体期延长或缩短的方法，通过控制卵泡的发生或黄体的形成，均可达到同期发情并排卵。

（三）用于同期发情的药物及其使用方法

延长黄体期最常用的方法是进行孕激素处理。常用的有孕酮、甲孕酮、甲地孕酮、炔诺酮、氯地孕酮、18-甲基炔诺酮、16-次甲基甲地孕酮等。它们对卵泡发育具有抑制作用，通过抑制卵泡期的到来而延长黄体期。处理方法有皮下埋植、阴道栓、口服和肌内注射等。

缩短黄体期的方法有：注射前列腺素，注射促性腺激素，注射促性腺激素释放激素等。总之所有能够诱发家畜发情排卵的方法均可用于诱导同期发情。

（四）不同家畜同期发情方法

1. 牛的同期发情

孕激素和前列腺素是诱导同期发情最常用的激素，前者通常用皮下埋植法或阴道栓给药，后者一般以肌内注射方式给药，若采用子宫灌注投药，可节省用药量。

（1）孕激素阴道栓塞法。取 18-甲基炔诺酮 50～100 mg，用色拉油溶解，浸于海绵中。海绵呈圆柱形，直径和长度约 10 cm，在一端系一细绳。在发情周期的任意一天，利用开膣器将阴道扩张，用长柄钳夹住海绵，送入母牛阴道中，使细绳暴露在阴门外，14～16 d 后拉住细绳将海绵栓取出。为了提高发情率，最好在取出海绵后肌内注射孕马血清促性腺激素（Pregnant Mare Serum Gonadotropin, PMSG）或氯前列烯醇。

除海绵栓外，国外有阴道硅橡胶环孕激素装置，使用方法同海绵栓。这种装置由硅橡胶环和附在环内用于盛装孕激素的胶囊组成。另一种孕激素装置为孕酮阴道海绵栓（原产于新西兰），孕酮含量为 1.38 g，形状呈“Y”形，内有塑料弹性架，外附硅橡胶，两侧有可溶性装药小孔，尾端有尼龙绳。有特制的放置器将阴道栓放入阴道，首先将阴道栓收小，装入放置器内，将放置器推入子宫颈口周围，推出放置器即完成。

（2）孕激素埋植法。将 18-甲基炔诺酮 20～40 mg 及少量消炎粉装入塑料细管中并在管壁上打一些孔，以便药物释放。利用兽用套管针将细管埋植于母牛耳背皮下，9～12 d 后将细管挤出，同时注射氯前列烯醇 0.2～0.4 mg 或 PMSG 500～800 IU。取出后大多数母牛在 2～5 d 发情排卵。

（3）前列腺素法。用国产氯前列烯醇 0.4 mg 进行肌内注射或子宫灌注 0.2 mg 可诱导 70% 以上的牛群在处理后 35 d 发情排卵。由于前列腺素对新生黄体（排卵后 5 d 内）没有作用，因此一次注射前列腺素往往有部分牛不发情。为了提高同期发情效果，可间隔 9～12 d 再次进行前列腺素处理。

2. 绵羊和山羊的同期发情

绵羊和山羊的同期发情与牛的方法基本相同，只是剂量上的差别。目前羊主要采用孕酮阴道栓法和前列腺素法。

（1）孕酮素阴道栓法。使用方法同牛。

（2）前列腺素法。用前列腺素对羊进行同期发情，必须在繁殖季节内，母羊已开始有发情周期时进行。于发情周期的第四天后肌内注射溶黄体激素前列腺素（PGF2α）4～6 mg，一次用药后的发情率约为 70%。前列腺素处理后第一情期的发情率和受胎率较低，第二情期相对集中且受胎率正常。

3. 猪的同期发情

用孕激素处理对猪的同期发情容易引起卵巢囊肿，而且发情率和受胎率均不高。用前列腺素处理的同期发情率也较牛和羊低。因此，孕激素和前列腺素均不适合诱导猪的同期发情。

诱导猪的同期发情最常见的方法是同期断奶法。如果在断奶的同时注射 PMSG 750～1 000 IU，效果更佳。

4. 马的同期发情

诱导马的同期发情用孕激素处理效果不好，一般用前列腺素类似物 ICI 81008 的效果较好。

由于马的发情持续时间较长，排卵后 5 d 内的黄体对前列腺素不敏感，因此一次处理后的同期发情率较低。采用间隔 12～16 d 使用两次前列腺素虽然提高了效果，但使成本增加。

二、诱导发情

诱导单个母畜发情并排卵的技术，称为诱导发情。在畜牧业生产中会频繁出现，母畜生长发育到初情期后，仍不出现第一次发情或成年母畜长期无发情表现，或母畜在分娩后甚至在断乳后迟迟不出现发情等这类情况。为了提高繁殖效率，常常对这些乏情母畜进行诱导发情。

（一）诱导发情的机理

家畜的繁殖活动始终是在内分泌系统和神经系统的共同作用下进行的。处于季节性乏情、哺乳期乏情的母畜，其垂体前叶卵泡刺激素（Follice Stimulating Hormone, FSH）和 LH 的分泌量少，活性低，不足以引起卵泡的发育和排卵。此期间，卵巢上既无卵泡发育，也无黄体存在；处于病理性乏情的母畜，有的卵巢上有持久黄体存在，从而抑制卵泡发育，长期不发情；而卵巢萎缩、卵巢硬化等造成的乏情母畜，是由于卵巢机能下降而不发情。因此，对哺乳期乏情、季节性乏情的母畜，利用外源性促性腺激素刺激或改变某些环境条件（如光照时间的改变、异性刺激、断奶等）等方式进行治疗；对持久黄体性乏情母畜，用 PGF2α 治疗；对卵巢萎缩、卵巢硬化等卵巢机能减退的病理性乏情，可改善环境条件并配合促性腺激素进行辅助性治疗。这些利用外源激素和神经刺激诱导发情的方法，其本质都是通过内分泌和神经调节作用，激发卵巢的机能活动，使卵巢从相对静止的状态转为活跃状态，促进卵泡的生长发育，使母畜由乏情状态转变为发情状态。利用激素诱导发情的效果比用神经刺激诱导发情的效果快而明显，因为神经刺激所产生的效应也是通过生殖内分泌的调节才得以实现。

（二）不同家畜诱导发情方法

1. 牛的诱导发情

（1）孕激素处理法。与孕激素同期发情处理方法相同，常处理 9～12 d，可促进静止的卵泡活动和卵泡发育。如孕激素处理结束时，给予一定量的 PMSG 或 FSH，效果会更加明显。

（2）PMSG 处理方法。处理前应确认乏情母牛卵巢上无黄体存在。使用 750～1 500 IU/kg 体重或 3～3.5 IU/kg 体重的 PMSG 肌内注射，可促进卵泡的发育和发情。10 d 内仍未发情的可再次同法处理，但剂量应稍加大。该法简单，效果明显。

（3）FSH 处理法。使用 FSH 纯品诱发发情时，剂量为 5～7.5 mg，分 6～8 次，连续 3～4 d，分上、下午各注射 1 次。此方法诱发发情比较麻烦。又因 FSH 价格昂贵，生产上一般不用。

（4）GnRH 处理法。目前使用的是 GnRH 的合成类似物，有促排卵素 2 号（LRH-A2）和促排卵素 3 号（LRH-A3），使用剂量为 50～100 μg，一次肌内注射。

2. 羊的诱导发情

大多数羊属于季节性发情动物，在休情期内或产羔不久作诱导发情处理，可获得正常的发情和配种受胎。对于那些发情季节到来后仍不发情的母羊，也可通过处理诱起其正常的发情。用孕激素制剂处理 9～12 d（皮下埋植或阴道栓），孕激素处理结束前 1～2 d 或当天肌内注射 PMSG 500～1 000 IU，能够取得较好的诱发发情效果。

3. 猪的诱导发情

诱导哺乳母猪发情并排卵，效果最好的方法是肌内注射 PMSG 750～1 000 IU，处理时期一般在分娩后第六周，若早于这个时期，则需加大激素用量。

提早断奶是诱导发情的方法之一，但断奶时间愈早，断奶至出现发情的间隔时间愈长。正常断奶的母猪至发情的间隔一般在断奶后 5～7 d，断奶时间一般在分娩后 2 个月。若在仔猪 2 日龄断奶，母猪出现发情的时间平均为 10.1 d，12 日龄断奶平均为 8.2 d，24 日龄断奶平均 7.1 d，35 日龄断奶平均 6.8 d。

4. 马的诱发发情

乏情母马可用促性腺激素和（或）前列腺素进行诱导发情。用盐水冲洗子宫，也可促进发情。

三、超数排卵

超数排卵是指在母畜发情周期的适当时候（黄体消退期），用促性腺激素处理，诱发母畜排卵，以代替母畜在自身的促性腺激素作用下的自发排卵，即促使成熟的卵泡提早排卵。超数排卵多用于胚胎移植。

（一）超数排卵的机理

在发情周期的末期，以人为的方法应用药物使机能性黄体消退。这时期卵巢上的卵泡正处于开始发育时期，也就是黄体处于退行性和卵泡处于进行性交替变化的关键时期，使用适当剂量的促性腺激素处理，以提高体内促性腺激素水平，使卵巢上比自然状况下数量多十几倍的卵子，在同一发情周期内发育成熟以至集中排卵。

（二）超数排卵所使用的激素和使用方法

1. PMSG 激素的使用

随着 PMSG 的剂量增大，卵巢的反应亦会增强，发情提前。但注射过大剂量的激素其超排效果不稳定，如注射剂量超过 3 000 IU，不仅不能增加母牛的排卵数，反而易引起卵巢囊肿。由于 PMSG 在体内半衰期较长，一般母牛使用剂量为 2 000～3 000 IU，作一次肌内注射。

使用 PMSG 作超排处理效果良好，药效比较稳定，卵巢体积不会过度增大，处理后卵巢容易恢复正常，排卵率高，残余的成熟卵泡少。

2. FSH 激素的使用

FSH 在体内半衰期较短，注射后在较短时间内便失去活性。因此，使用时需分次注射。另外，FSH 的注射剂量是由多到少的递减过程。将 FSH 和 LH 按 5∶1 的比例混合使用，也可取得良好效果。

3. PGF2α 激素的使用

PGF2α 在超排处理中常做配合药物使用，不仅能使黄体提早消退，而且能提高超排效果。如在母牛发情周期第十六天注射 PMSG 2 000 IU，不需要配合使用 PGF2α，而在黄体期注射同样剂量 PMSG 后 8 h，配合注射 PGF2α，促使黄体提早消退，每头供体的平均排卵数可提高到 13 个。但 PMSG 不宜与 PGF2α 同时注射，否则会导致排卵率降低。

4. 促排卵类激素的使用

经超排处理的供体，卵巢上发育的卵泡数要多于自然发情的卵子数，仅依靠内源性促排卵激素不能达到超排目的。因此，在供体母畜出现发情时，需要静脉注射外源性人绒毛膜促性腺激素（Human Chorionic Gonadotropin, HCG）或 GnRH、LH 等，以增强排卵效果，减少卵巢上残余的卵泡数。

5. 孕激素的使用

如用孕激素作超排预处理，可以提高母畜对促性腺激素的敏感性。

（三）超排处理方案

1. FSH 多次注射法或 PMSG 一次注射法

FSH 或 PMSG 都具有促卵泡发育的功能，所不同的是 FSH 需分多次注射，一般2次/d，连续处理3～4 d，有的甚至处理5 d，而使用PMSG只需注射一次即可。经超排处理的母畜一般在发情开始后12～16 h和20～24 h各配种或人工授精一次，并且第一次配种后静脉注射HCG或LH，以便于排出多数卵子。激素的应用时间及剂量因动物种类不同而异。

2. 前列腺素+PMSG或FSH法

若用PMSG或FSH进行超数排卵处理，一般于注射FSH或PMSG的4～6 d再注射LH或HCG，这种方法的缺点在于黄体退化时间不一致，排卵时间的先后也不同，因此在超排处理的程序中加入PGF2α或其类似物，及时溶解黄体，使超排时间整齐一致，便于集中采集胚胎。

通常在使用PMSG或FSH处理后48 h，采取子宫颈注入法或肌内注射法注射PGF2α或其类似物，对于牛来说，PGF2α的用量为30 mg，氯前列烯醇为500 μg。绵羊和山羊的用量则是牛所用激素剂量的一半。

3. 孕激素+PMSG或FSH超排处理法

使用孕激素进行超排处理中，目前多用人工合成的孕激素类制剂，制剂的生物活性一般比孕酮高10～20倍。使用孕激素处理时，绵羊需处理12～14 d，山羊14～18 d，每日剂量为10～12 mg。用激素制成的海绵栓，在绵羊阴道内放置12～14 d，山羊14～18 d，取出海绵栓的前1～2 d，一次肌内注射PMSG 1 000～2 000 IU或FSH 12～24 mg，撤栓后1～2 d开始发情。为缩短时间，孕激素可与PGF2α结合起来使用。

（四）超数排卵的效果

1. 受胎率

凡进行超排处理排出的卵子的受精率一般低于自然发情排出的卵子。因为经超排处理后，在高浓度雌激素的作用下，改变了卵子和胚胎在输卵管、子宫内的生存环境，从而影响了胚胎的发育。回收时间越晚，变性胚胎的比例也就越高。因此，回收时间要适宜，一般情况，随着排卵数的增加，其受精率和采胚率有下降的趋势。

2. 排卵数

供体母牛一次超数排卵的数目不宜过多，两侧卵巢一次排卵以10～15枚为宜。否则，受精率下降，卵巢机能恢复所需时间长。对于多胎动物的排卵数可多一些。

3. 发情率

应用促性腺激素和PGF2α进行超排处理，会有大部分母牛有发情表现，少数虽无发情表现，但却能正常排卵。

4. 发情时间和胚胎回收率

作超排处理注射PGF2α后48 h，发情的供体母牛胚胎回收率最高，72 h后回收率明显下降，而且多为无精卵。

5. 发情周期

超排后的母牛血液中含有高浓度的孕激素，因此发情周期将会延长。

（五）影响超排效果的因素

1. 个体

母牛在超排处理中，约有 1/3 的供体牛效果理想，有 1/3 的牛反应一般，另有 1/3 的牛效果甚差。有的个体对不同的促性腺激素反应不同。

2. 年龄与胎次

青年母牛对超排药物敏感，所以排卵数和回收率高于经产母牛。

3. 超排时间

一般以发情周期第十天以后做超排效果理想。分娩后不久的母畜，不宜立即进行超排处理，一般需在 45～60 d 以后处理为宜。

4. 品种

如应用 PMSG 2 000 IU 进行超排处理，黑白花奶牛平均排卵 5.3 枚，西门塔尔牛 12.2 枚，利木赞牛 16.4 枚。

5. 季节

母牛在 27 ℃以上，超排效果不理想。同时日照的长短对供体牛的激素分泌和受胎率也有明显的影响。

6. 泌乳

对泌乳期母牛的超排处理要优于干奶期母牛，但处于泌乳高峰期的母牛对 PMSG 不敏感。分娩后不宜过早地进行超排处理，一般需在 45～60 d 以后进行。

实习动物和药品准备

FSH、PMSG、LH、HCG、PGF2α，2% 普鲁卡因、静松灵、利多卡因，生理盐水、75% 酒精、2% 碘酊、青霉素、母羊等。

人员准备

任务角色	任务内容
组长：	任务：
组员 1：	任务：
组员 2：	任务：
组员 3：	任务：
组员 4：	任务：
组员 5：	任务：

任务检测

请扫码答题。

任务评价

任务评价表

班级：__________ 组别：__________ 姓名：__________

项目	评分标准	分值	自我评价	小组评价	教师评价
任务实施完成情况	相关知识收集完成度	—			
	同期发情效果记录翔实度	—			
	分组讨论成果	—			
知识技能	了解发情控制技术	10			
	同期发情基本原理及方法	10			
	掌握各种激素的作用	20			
	能够对畜群进行同期发情处理	20			
任务进度	同期发情时间安排合理为10分，时间安排较合理为7～9分，时间安排不够合理为3～6分，时间安排不合理为0～2分	10			
任务质量	整体效果很好为10分，较好为7～9分，一般为3～6分，较差为0～2分	10			
素养表现	仪器药品使用规范，操作过程严谨细致	10			
思政表现	具有较强的专业认同感	10			
合计		100			
自我评价与总结					
教师点评					

任务二　移植胚胎

任务导入

动物繁殖最终的目的是培育优质高产的畜种，获得能够满足人们需求的足量畜群，满足人们对于肉、蛋、奶的需求。要短时间扩大优良畜群的数量，必须依托繁殖新技术，而胚胎移植能够通过缩短优良母畜的生产周期，有效发挥优良母畜的繁殖潜力，提高繁殖效率。

假如你是一名奶牛场繁殖工，今年你们厂购入两头品质优良的荷斯坦母牛，为充分发挥这两头母牛的繁殖力，请你查阅资料并结合自身掌握的知识，制订繁殖方案，并结合制订的方案，开展胚胎移植操作。

任务工单

班级：________　姓名：________　学号：________

任务名称	胚胎移植操作
任务描述	根据实际情况，填写本任务的内容、目的、流程和方法。 任务内容：________ ________ 任务目的：________ ________ 任务流程：________ ________ 任务方法：________ ________
获取信息	要完成任务，需要掌握相关的知识。请收集资料，回答以下问题。 1. 胚胎移植的原理是什么? 2. 胚胎移植的程序及步骤是怎样的? 3. 如何在生产中开展胚胎移植?

（续表）

制订计划				
任务实施	按照预先制订的工作计划，完成本任务，并记录任务实施过程。			
	序号	完成的任务	遇到的问题	解决办法
	1	通过书籍、互联网等工具，查阅并收集相关内容，了解相关知识		
	2	分组研讨，正确准备胚胎移植所需药品及工具		
	3	分组制定胚胎移植方案		
	4	实训操作，在老师的组织下，进行胚胎移植操作，并做好记录		
	5	针对在完成活动中遇到的问题及解决情况进行总结		

任务准备

知识准备

一、胚胎移植

（一）含义

胚胎移植是将一头优良母畜配种后的早期胚胎取出，移植到另一头同种的生理状态相同的母畜体内，使之继续发育成为新个体，也叫借腹怀胎。提供胚胎的个体称为供体，接受胚胎的个体称为受体。供体决定其遗传特性，受体只影响其体质发育。

（二）意义

如果说人工授精技术是提高优良公畜配种效率的有效方法，那么胚胎移植则是为提高优良母畜的繁殖力提供了新的技术途径。

1. 充分发挥优良母畜的繁殖力

一则使优良供体省去很长的怀孕期、缩短繁殖周期；二则实行超数排卵，一次可获得更多的优良胚胎，与提高优良公畜的配种效能的人工授精技术相对应。如一次可获得 9 头以上的犊牛、10 只以上的羔羊。

2. 缩短世代间隔，及早进行后裔测定

短期内重复进行超排处理，大大提高了后代总数，可尽早了解母畜遗传力。

3. 提高生产效率

诱发肉畜怀 2 胎，即向已配种的母畜（排卵的对侧子宫角）移植一个胚胎，或者向未配种的母畜移植 2 个胚胎。

4. 代替种畜的引进

胚胎的冷冻保存可以使胚胎移植跨地域和时空，大大节约购买和运输活畜的费用。此外可以从受体母畜得到免疫能力，更容易适应本地区的生态环境。

5. 保存品种资源

胚胎的冷冻保存，可以避免种群因遭受意外灾害而灭绝。且费用远远低于活畜保存，并且它与冷冻精液可共同构成动物优良性状的基因库。

6. 有利于防制疫病

在养猪业中，为建立无特定病原体（Special Pathogen Free, SPF）猪群，向封闭猪群引进新个体时，为了控制疫病，往往采取胚胎移植技术代剖腹取仔的方法。

7. 提供研究手段

胚胎移植是研究受精作用、胚胎学和遗传学等理论问题的一种好手段。

（三）胚胎移植的生理学基础和基本原则

1. 生理学基础

（1）母畜发情后生殖器官的孕向发育。母畜的发情、配种都是受精、妊娠的前奏，而发情、配种的结局自然的就是受精和妊娠。大多数自发性排卵的家畜，发情后不论是否配种，或配种后是否受精，在最初一段时期（黄体期），生殖系统均处于受精后的生理状态下，此时高水平孕酮使子宫内膜的组织增生和分泌机能增加及生理生化发生特异性变化，在生理机能上，妊娠与未孕并无区别。这就给胚胎成功地移植和在受体内正常发育提供了理论根据。

（2）早期胚胎的游离状态。早期胚胎发育和子宫没有建立实质性联系，这便使其可以脱离活体而被取出成为可能。

（3）胚胎移植不存在免疫问题。受体母畜的生殖道（子宫和输卵管）对于具有外来抗原物质的胎盘和胎膜组织，在同一物种之内，无排斥现象。

（4）胚胎和受体之间建立有效联系保证胎儿以后的正常发育。

（5）胚胎的遗传特性不受受体的影响。

2. 胚胎移植的基本原则

（1）胚胎移植前后所处环境的同一性。

①供体和受体在分类学上的相同属性，即两者须属于同一物种。

②动物生理上的一致性。即受体和供体在发情时间上的同期性，一般要求相差 24 h 以内。

③动物解剖部位的一致性。即移植后的胚胎与移植前所处的空间环境的相似性。

（2）胚胎发育的期限。胚胎采集和移植的期限（胚胎的日龄）不能超过周期黄体的寿命，最迟要在周期黄体退化之前数日进行移植。通常在供体发情配种后 3～8 d 收集胚胎，受体同时接受移植。

（3）胚胎的质量。胚胎不应受到任何不良因素（物理、化学、微生物等）的影响而危及生命力，必须经过鉴定确认为正常者才能移植。

（4）供、受体的状况。供体的生产性能、经济价值均须大于受体，两者均须健康无病。此外，还需强调的是胚胎移植只是空间位置的更换，而不是生理环境的改变，远比器官移植简单，但准确熟练地操作是必需的。

（四）胚胎移植的技术程序

主要包括供体和受体的同期发情处理、供体的超数排卵、供体的发情鉴定与配种、胚胎的收集、胚胎的检查与鉴定、胚胎的培养与保存以及胚胎移植。

1. 供体和受体的选择

供体应具有高的育种价值，旺盛的生殖机能，对超排反应良好；受体的头数应多于供体，具有良好的繁殖性能和健康状态，体形中上等。二者发情时间相同或相近，前后不超过 1 d。

2. 供体和受体的同期发情

当前较理想的同期发情药物是前列腺素及其类似物，其剂量根据药物的种类和方法而不同。采用子宫灌注的剂量要低于肌内注射的剂量。在注射 PGF2α 后 2 h，配合注射 PMSG 或 FSH，可以明显提高同期发情效果。

3. 供体母畜的超数排卵

（1）母牛。用 FSH 超排，在发情的 9～13 d 中的任何一天开始肌内注射 FSH。以递减剂量连续注射 4 d，每天注射 2 次（间隔 12 h），总剂量按牛体重、胎次作适当调整，总剂量为 300～400 大鼠单位。在第一次注射 FSH 后 48 h 及 60 h，各肌内注射一次 PGF2α，每次 2～4 mg，若采用子宫灌注，剂量可减半。进口 PGF2α 及其类似物，由于产地、厂家不同所用剂量不一，ICI 80996 一次剂量约为 0.5 mg。用 PMSG 超排，在发情周期的第十一天至第十三天中的任意一天肌内注射一次即可，按每千克体重 5 IU 确定 PMSG 总剂量，在注射 PMSG 后 48 h 及 60 h 分别肌内注射 PGF2α 一次，剂量同 FSH 超排。母牛出现发情后 12 h 再肌内注射抗 PMSG，剂量以能中和 PMSG 的活性为准。

（2）母羊。用 FSH 超排，在发情周期第十二或第十三天，开始肌内注射或皮下注射，以递减剂量连续注射 3 d，6 次，每次间隔 12 h，总剂量为 200～350 大鼠单位，PGF2α 在第五天同时注射。FSH 注射后随即每天上下午进行试情，发情后立即静脉注射 LH 100～150 大鼠单位或肌内注射 200 大鼠单位并配种。有的用 60 大鼠单位的 GnRH 代替 LH，亦获得同样效果。

用 PMSIG 超排，在发情周期的第十二天或第十三天，一次肌内注射或皮下注射 PMSG 700～1 000 IU，出现发情或当天再肌内注射 HCG 500～750 IU。在 PMSG 注射之后，隔日注射 PGF2α 或其类似物。

4. 供体的发情鉴定和配种

超排处理结束后，要密切观察供体的发情症状。正常情况下，供体大多数在超排处理结束后 12～48 h 发情。以牛为例，发情鉴定主要以接受其他牛爬跨且站立不动为主要判定标准。每天早中晚至少观察 3 次。第一次观察到接受爬跨且站立不动的时间，视为零时，由于超排处理后排卵数较正常发情牛多且排卵时间不一致，加上精子和卵子的运行受排卵处理的影响，为了确保卵子受精，采取增加输精次数和加大输精量的方法。新鲜精液优于冷冻精液。一般在发情后 8～12 h 输第一次精，之后间隔 8～12 h 再输精一次。

5. 胚胎采集

利用冲洗液将胚胎由生殖道中冲出，并收集在器皿中。分手术法（羊）和非手术法（牛）。

（1）胚胎采集前的准备。

①冲胚液、培养液的配制。冲胚液和培养液在使用前都要加入血清白蛋白，含量一般为 0.1%～3.2%，也可用犊牛血清代替。需加热（56℃水浴 30 min）灭活其中的补体，以利胚胎存活。冲胚液血清含量一般为 3%（1%～5%），培养液血清含量为 20%（10%～50%）。

②采集时间。不应早于排卵后的第一天，即最早要在发生第一次卵裂后（发育至 4～8 个细胞以上为宜），否则不宜辨别卵子是否受精（表 6-2-1）。一般是在配种后 3～8 d，牛用非手术法取胚在发情配种后 7 d；绵羊从输卵管取胚，适宜时间为发情后 2.5 d（56～76 h），从子宫采集大都在发情后 6 d。

表 6-2-1　各种家畜的排卵时间和早期胚胎发育速度

单位：d

畜别	排卵时间	2 细胞	4 细胞	8 细胞	16 细胞	进入子宫	胎盘形成	透明带脱落	附植开始
牛	发情结束后 10～11 h	1.0～1.5	2.0～3.0	3.0	4.0	3.0～4.0	7～8	9～11	22
绵羊	发情开始后 24～30 h	1.5	1.5～2.0	2.5	3.0	2.0～4.0	6～7	7～8	15
猪	发情开始 35～45 h	1.0～2.0	1.0～3.0	2.0～3.0	3.5～5.0	2.0～2.5	5～6	6	13
马	发情结束前 1～2 d	1.0	1.5	1.5～2	4.0～4.5	4.0～6.0	6	8	37

（2）胚胎采集方法。

①羊的手术采胚法。可选择左右腹股沟部、肷窝及耻骨部进行手术，切口一般长 4～6 cm；冲胚液量：输卵管冲胚 2～4 mL，子宫角冲胚 10～20 mL。

输卵管冲胚法。第一种方式用注射器的磨钝针头刺入子宫角尖端，注入冲卵液，然后从输卵管的伞部接取（上行法）；第二种方式与此相反（下行法），伞部注入，子宫角上部接取，猪马多采用此法。上述两种方法适合于胚胎还处于输卵管或刚进入子宫角时（排卵后 4 d 以内）。冲卵液用量 10 mL。

子宫角冲胚法。当一旦确认胚胎已进入子宫角内，可采用此法。一种是从子宫角上端注入冲卵液，由基部接取；另一种是由子宫角基部注入，上端接取。这两种方式适合于各种家畜。冲卵液用量一般为 30～50 mL（以子宫角容积而定）。

输卵管 - 子宫角冲胚法。结合以上两种方法，可以把输卵管和子宫角的胚胎全部冲洗出来，采胚率高。

②基本方法与牛相同。不同点是采取的手术部位比牛多，手术法要求：操作迅速准确，防止对伤口及生殖道和冲洗液的污染；避免对动物有过多刺激和对生殖道造成损伤。此法最大的缺点易造成粘连和不孕。

③非手术法。目前牛、马大家畜都采用此法。一般在配种后 7 d 进行。采用二路式或三路式导管冲卵器，将冲卵液通过内管注入子宫角内，然后由回流管导出冲卵液，外管前端连接一气囊，当将冲卵器插入子宫内时，通过注射器充气使气囊胀大，堵住子宫颈内口，以免冲卵液经子宫颈流出。每侧子宫角需用冲卵液 100～500 mL。结束后，为使供体正常发情，可向子宫内注入或肌内注射 PGF2α，为预防感染也可向子宫内注入抗生素。此法不能收集输卵管内的胚胎。牛、马一般在配种后 6～8 d 进行。

④供体的术后观察。精心护理，注意健康状况，留心观察是否按期发情以及生殖器官是否受到感染。

（五）胚胎的检查与鉴定

胚胎检查指在立体显微镜下，从冲胚液中寻找胚胎。胚胎鉴定则是将检查到的胚胎，应用各种方法对其质量和活力进行评定。

1. 胚胎检查的方法

应在 20～25 ℃的无菌操作室内进行，常采用以下几种方法。一是静置法，静置 20～30 min，或表面皿在立体显微镜下检查；二是弃去上液法，将下面几十毫升冲胚液倒入平皿，之后带有网格（直径小于胚胎直径）的过滤器放入冲胚液中，由上往下吸出冲胚液，最后只检查剩下几十毫升的冲胚液。应反复冲洗过滤器。检出的胚胎用吸胚器移入含有 20% 犊牛血清磷酸缓冲盐溶液（Phosphate Buffered Saline, PBS）培养液中进行鉴定。

目前鉴定胚胎质量和活力的方法有形态学、体外培养、荧光和代谢活力测定等。

2. 胚胎鉴定的等级分类（表 6-2-2）

表 6-2-2　胚胎分级标准

作者或单位	A（优）	B（良）	C（中）	D（劣）
ELDSEN	胚胎处于正常阶段，外形均匀，桑植胚阶段呈多角形，分裂球外形紧密	与优等胚胎相似，但不匀称，在桑植胚期分裂球脱离。与同一供体回收的其他胚胎相比发育略缓慢	胚胎发育晚 1～2 d，桑植胚分裂呈球形，大小不等，细胞中有空泡，与正常相比外形较清晰或较暗	胚胎发育晚 2 d，细胞界限不清楚，比中等胚胎的缺陷更多

（续表）

作者或单位	A（优）	B（良）	C（中）	D（劣）
河北省奶牛胚胎移植技术研究中心	胚胎发育阶段与胚龄一致，卵裂球精密充实，大小均匀呈一整体，无游离细胞卵裂球，界限明显，透明度好，透明带圆而平滑，若是囊胚，胚结、滋养层细胞囊胚腔明显可见	胚胎发育阶段与胚龄基本一致，卵裂球有基本结构，比较紧密，但有个别细胞游离，透明度较好，透明带呈圆形	胚胎发育阶段与胚龄不大一致，细胞团松散，游离细胞数多，细胞界限模糊，发暗，卵黄周隙大	有碎片的卵细胞变性，没有细胞组织结构

注：A（优）、B（良）、C（中）三级细胞为可用胚胎，D（劣）级胚胎不能移植。

（六）胚胎保存

1. 常温保存

在 15～25 ℃室温下，通常只存活 10～20 h。而采用含 20% 犊牛血清的 PBS 保存液，可保存胚胎 48 h。

2. 低温保存

在 0～10 ℃室温下，胚胎细胞发育速度减缓，但代谢并未停止，因此能保存数天。目前广泛采用改良的杜氏磷酸缓冲液（PBS），其优点是 pH 值稳定，能延长胚胎保存时间。保存适宜温度为牛 0～6 ℃、山羊 5～10 ℃、兔 10 ℃。

3. 超低温冷冻保存

胚胎的超低温冷冻保存是在液氮（−196 ℃）中保存。胚胎冷冻保存的原理与精子相比，胚胎的体积大，细胞质多，极易冻伤。

（1）胚胎超低温保存的原理如下所述。

①缓慢冷冻原理。生物细胞的生命活动不能缺水，它生活在周围的液体中，水通过细胞膜自由渗透，以保持渗透压的平衡。所以，在冰点以下降温冷冻过程中，会发生细胞内外液浓缩和脱水，对细胞造成伤害。在慢速冷冻中，胚胎外的液体首先结冰，细胞内的水处于最初的过冷状态。随着冰晶的不扩展，未结冰的液体中溶质的浓度越来越高，使细胞内的水分不断向外渗出，胚胎外膜脂蛋白复合物变性，部分脂类丢失，在细胞上形成一些小孔，解冻时水大量进入细胞造成渗透性休克。另外，细胞内冰晶的形成，会产生机械损伤，尤其是解冻后细胞内冰晶的重结冰，更是致命的。

②玻璃化冷冻原理。所谓玻璃化就是溶液的黏性很高，在一定温度下，形成非结晶的固态。玻璃化冷冻是将胚胎置于含有高浓度保护液的溶液中，迅速降温，当达到临界温度时形成固态，即玻璃化。在玻璃化过程中，高浓度渗透性抗冻保护剂可以通过细胞膜渗透，短时间内使细胞内外浓度达到平衡，细胞内冰晶的形成受到抑制。因此，在玻璃化状态下保存，胚胎能得以长期存活。在胚胎冷冻保存时，必须加入防冻保护剂才能成功。防冻剂有 40 多种，经多年研究发现，以甘油、二甲

基亚砜、乙二醇效果较好。

（2）胚胎冷冻方法。目前用于胚胎的冷冻方法是英国科学家所创的。

① 缓慢冷冻法。将胚胎放入含有 1～2 mol/L 冷冻保护剂的溶液中，经平衡和植冰后，以 0.3～0.5 ℃/min 速率进行缓慢冷冻。

冷冻保护液：等渗的 PBS 液，加入 1～2 mol/L 浓度的甘油或乙二醇。

冷冻程序：从室温下以 1 ℃/min 降到 -7～-4 ℃后诱发植冰，再以 0.3 ℃/min 的缓慢速度降至 -30 ℃或 -60 ℃，最后投入液氮（-196 ℃）保存。

②玻璃化冷冻法。以甘油为主要冷冻液的冷冻法。用修正的 PBS 液（mPBS）混合两种液体：体积分数为 25% 甘油（G）、25% 丙二醇（P）。

在室温条件下，用 GP（比例为 1：2）的溶液对胚胎进行 5～10 min 平衡处理，再移至玻璃化溶液 0.5 min，然后沉入液氮保存。该方法对于冷冻桑椹胚和囊胚效果较好。

以乙二醇为主要冷冻液的冷冻法：以 mPBS 液为基本液，添加下列成分制成玻璃化溶液（EFS）。以 PBS 液为基本液，添加乙二醇、聚蔗糖、蔗糖制成玻璃化溶液。在 20 ℃室温下将桑椹胚用 EFS 液平衡 2 min 后，投入液氮中保存。

此法对早期囊胚以前的胚胎存活率较高。乙二醇与甘油、二甲基亚砜、丙二醇相比，具有低毒性、分子质量小，且具有很强的渗透能力，免去了原来操作脱甘油的步骤，目前广泛用于胚胎冷冻。

（七）胚胎移植技术

胚胎移植和胚胎采集一样，也分为手术法和非手术法。

1. 手术法

一般在排卵侧的肷部作切口，若作两侧移植，则在腹部中线作切口。牛、羊 3 日龄以前的胚胎（8 细胞以前），应将吸有胚胎的细管由输卵管伞部插入，直接注入到壶腹部；5 日龄后的胚胎，应移植在距宫管连接部 5 cm 处的子宫角顶端。

2. 非手术法

只适用于大家畜。以牛为例，移植前先直肠检查受体牛的黄体，确定黄体位于哪一侧和其发育情况。一般黄体的基部充实，最大直径处约为 1.5 cm。可用 1.5～3 mL 利多卡因硬膜外鞘注射将受体母牛麻醉，0.3～1 mL 的静松灵全身镇静。移植前，彻底消毒外阴，扒开受体母牛阴唇，插入移植器至子宫颈外口，将手臂伸入直肠，顶开阴道保护鞘或保护膜；轻缓地通过子宫颈进入移植侧（黄体侧）子宫角，移植器行至大弯或更深部位时，缓慢地推钢芯将胚胎注入。而后握住子宫颈，将移植管（注射器连接导管或特制金属移植器）插入与黄体同侧的子宫角内，注入胚胎。移植时动作要迅速准确，避免对组织造成损害。黄体发育不良的母畜最好不做受体用。

受体移植胚胎后应保证科学、正常的饲养管理，密切注意健康状况，留心观察它们在预定时间内的发情动态，是否返情。60 d 后通过直肠检查进行妊娠诊断。如果条件许可，约在 30 d 用 B 超检查确定妊娠。怀孕母畜要注意做好妊娠期的管理及接产工作，保证胚胎移植仔畜出生健康。

实习动物和药品准备

FSH、PMSG、LH、HCG、PGF 2α，2% 普鲁卡因、静松灵、利多卡因，生理盐水、75% 酒精、2% 碘酊、青霉素、母羊等。

人员准备

任务角色	任务内容
组长：	任务：
组员 1：	任务：
组员 2：	任务：
组员 3：	任务：
组员 4：	任务：
组员 5：	任务：

任务检测

请扫码答题。

任务评价

任务评价表

班级：________ 组别：________ 姓名：________

项目	评分标准	分值	自我评价	小组评价	教师评价
任务实施完成情况	相关知识收集完成度	—			
	胚胎移植效果	—			
	分组讨论成果	—			
知识技能	了解胚胎移植的原理	10			
	掌握胚胎移植的程序及步骤	10			
	掌握不同家畜胚胎移植的方法	20			
	能够进行胚胎移植操作	20			
任务进度	提前进行资料查阅，方案制订合理为 10 分；资料查阅不够齐全，方案制订不够合理为 0～9 分	10			

（续表）

项目	评分标准	分值	自我评价	小组评价	教师评价
任务质量	整体效果很好为10分，较好为7～9分，一般为3～6分，较差为0～2分	10			
素养表现	仪器药品使用规范，操作过程严谨细致	10			
思政表现	具备生物安全意识	10			
合计		100			
自我评价与总结					
教师点评					

任务三　评价繁殖力

任务导入

评价繁殖力主要是用来评定畜群繁殖能力的强弱，通过繁殖力评价，有利于养殖场合理制订生产方案，提高畜群繁殖能力，同时，通过繁殖力评价能够及时发现畜群繁殖状况，发现并解决问题。

有一奶牛场，第一、第二季度共有278头母牛发情配种，其中154头一次发情配种受胎，73头第二次发情配种受胎，36头第三个发情期受胎，其他一直未孕，试计算该牛场母牛的发情期受胎率、第一发情期受胎率、配种指数。

任务工单

班级：________　姓名：________　学号：________

<table>
<tr><td>任务名称</td><td colspan="4">繁殖力评价</td></tr>
<tr><td>任务描述</td><td colspan="4">根据实际情况，填写本任务的内容、目的、流程和方法。
任务内容：________
____
任务目的：________
____
任务流程：________
____
任务方法：________
________</td></tr>
<tr><td>获取信息</td><td colspan="4">要完成任务，需要掌握相关的知识。请收集资料，回答以下问题。
1. 不同畜禽繁殖力评价指标有哪些？

2. 每一个繁殖力指标代表的意义是什么？

3. 每一个繁殖力指标如何进行计算？</td></tr>
<tr><td>制订计划</td><td colspan="4"></td></tr>
<tr><td rowspan="6">任务实施</td><td colspan="4">按照预先制订的工作计划，完成本任务，并记录任务实施过程</td></tr>
<tr><td>序号</td><td>完成的任务</td><td>遇到的问题</td><td>解决办法</td></tr>
<tr><td>1</td><td>通过书籍、互联网等工具，查阅并收集相关内容，了解相关知识</td><td></td><td></td></tr>
<tr><td>2</td><td>分组研讨，确定畜禽繁殖力指标</td><td></td><td></td></tr>
<tr><td>3</td><td>实训操作，在老师的组织下，进行繁殖力指标计算</td><td></td><td></td></tr>
<tr><td>4</td><td>针对在完成活动中遇到的问题及解决情况进行总结</td><td></td><td></td></tr>
</table>

任务准备

知识准备

一、繁殖力的概念

繁殖力是指家畜维持正常繁殖机能、生育后代的能力。对于种畜来说，繁殖力就是它的生产力。繁殖力的高低直接影响到家畜数量的增加、质量的提高、生产力水平及企业的经济效益。

对母畜来说，繁殖力是一个包括多方面的综合性概念，它表现在性成熟的早晚，繁殖周期的长短，发情表现的强弱，排卵数目的多少，卵子受精能力的高低，妊娠时间的长短，分娩及哺乳能力高低等方面。而公畜则主要表现为能否产生品质良好的精液和具有健全、旺盛的性行为。因此，公畜的生理状态、生殖器官特别是睾丸的生理功能、性欲、交配能力、配种负荷、与配母畜的情期受胎率、使用年限及生殖疾病等都是公畜繁殖力所涵盖的内容。就整个畜群来说，繁殖力高低是综合个体的上述指标，以平均数或百分数表示。如总受胎率、繁殖率、成活率和平均产仔间隔等。

通过繁殖力的测定，可以随时掌握畜群的繁殖水平，反映某项技术措施对提高繁殖力的效果，并及时发现畜群的繁殖障碍，以便采取相应的手段，不断提高畜群的数量和品质。测定繁殖力的最好方法，一般是根据过去的繁殖成绩进行统计和比较。如测定人工授精用的种公牛繁殖力，需对公牛的精液进行大群的受胎试验，了解与配母牛的受胎情况；测定个别母牛的繁殖力，可根据每次受胎的配种情期数，配种期的长短和产犊间隔来比较。其他家畜繁殖力的测定大致与牛相同。为了使畜群保持较高的繁殖力，必须经常整理、统计、分析有关生产技术资料（如配种、妊娠、产仔记录等），以便发现存在的问题并及时做出改进方案。

二、家畜的正常繁殖力

所谓正常的繁殖力是指在正常的饲养管理条件下，所获得的最佳经济效益的繁殖力。在生产实际中，即使是满足家畜的正常繁殖机能的生理要求，在一个家畜群体中，也很少能达到100%的繁殖率。因为每一种具体的生活环境条件，都会使部分个体的生理机能发生某些变异，这些变异常常会暂时地，有时也会是较长期甚至永久地影响群体的繁殖力。因此，对不同家畜、不同品种以及不同饲养管理环境条件，必须分别规定正常繁殖力的标准。

决定繁殖力的主要生理因素为排卵数目、受精卵数和产仔数。排卵数因畜种而异，也受品种和环境条件的影响。受精卵数除决定于正常排卵数外，还决定于正常精子的数量、获能与受精，以及配种技术等条件。另外，生殖机能异常和病理因素也会影响繁殖力。

（一）牛的正常繁殖力

母牛的繁殖力常用一次受精后受胎效果来表示。此数值随着妊娠天数的增加，至分娩前达到最低数值。这说明在妊娠过程中，由于早期胚胎的丢失、死亡和早期流产而降低了最终受胎率。

根据大量的统计数据，母牛一次配种后，虽然在第一个月不再发情者可高达75%以上，但最终产犊者不超过65%，一般为50%～60%。每头受胎母牛需要配种情期数越多，则实际受胎率越低。因此，在由于生育原因淘汰的母牛中，配种次数越多，淘汰比例也越大（表6-3-1）。

表6-3-1　母牛不同配种情期数的受胎率

配种情期数	受精头数	受胎率/%	配种情期数	受精头数	受胎率/%
1	5 744	63.6	5	191	40.3
2	2 146	54.6	5以上	200	22.5
3	890	46.2	合计	9 582	56.0
4	411	43.3			

在不同品种和饲养管理条件下，牛群的繁殖力水平也有很大的差别。根据生产实践中大量统计报道，一般成年母牛的情期受胎率为40%～60%，平均为50%，第一情期受胎率为55%～70%，年总受胎率75%～95%，平均为90%。年繁殖力为70%～90%，平均为85%；产犊间隔12～14个月；流产率3%～7%；双受胎率为3%～4%。

（二）马的正常繁殖力

一般来说，马为单胎季节性发情动物，其繁殖力比其他家畜低。目前，通常公马以性反射强弱，以及在一个配种期内所交配的母马数、采精次数、精液品质、与配母马的情期受胎率、配种年限、幼驹的品质等反映公马的繁殖力水平。公马的精子在母马生殖道内存活的时间也长于其他公畜，这一点为提高母马的受胎率提供了一定的有利条件，但是，由于马精子耐冻性较差，用冷冻精液授精的受胎率较低。繁殖力高的公马，每年平均采精可达148次，平均射精量94～116 mL，精子密度为每毫升1.05亿～1.41亿个，受胎率68%～86%。

母马的繁殖力多以受胎率、产驹率、幼驹成活率、终生产驹数和产驹间隔等指标来表示。由于母马发情期较长，且有较明显的发情季节性等，一般情况下不易做到适时配种，且容易发生流产，故而降低了繁殖力。

（三）羊的正常繁殖力

母羊的正常繁殖力，因品种和饲养条件而异。在气候和饲养条件不良的高纬度、高原地区，母羊一般产单羔；但在低纬度和饲养条件较好的地区，如我国的小尾寒羊和湖羊等品种大多产双羔；有时产3羔以上。表示母羊繁殖力的方法，常用每100头配种母羊的产羔数来表示。由于有些母羊产双羔或多羔，所以上述指标不能正确地反映出产羔母羊的百分数。

（四）猪的正常繁殖力

猪的情期受胎率一般在75%～80%，总受胎率可达85%～90%，平均每窝产仔数10～12头（表6-3-2）。

表6-3-2 纯种猪与杂种猪的繁殖性能比较

品种	母猪数/头	受胎率/%	窝平均产仔数/头	窝平均产活仔数/头	断奶仔数/头
汉普夏	95	69.2	8.7	7.3	5.4
约克夏	105	65.0	9.0	8.0	5.9
杂交猪*	110	82.7	10.0	9.0	7.2

注：*为某公司杂交商品猪。

我国有些地方品种猪，繁殖力很强。如广西的陆川猪，在普及人工授精的条件下，一次输精受胎率（亦即情期受胎率）一般达80%以上，平均产仔数为12头，最多20头，太湖猪的繁殖力更高。而国外引入的品种（如巴克夏、约克夏、汉普夏等）在完全相同的环境条件下，情期受胎率常在70%以下，窝产活仔数也较少，平均在8头。我国各主要猪种的产仔数如表6-3-3所示。

表6-3-3 我国各主要猪种产仔数

品种	每窝产仔数/头		品种	每窝产仔数/头	
	平均	最多		平均	最多
定州猪	7.27	13	文昌猪	11.42	18
项城猪	11.00	25	中山猪	11.67	20
金华猪	13.87	28	陆川猪	12.00	20
太湖猪	15.00	30			

三、繁殖力的评价方法

不同品种家畜，各自的饲养管理条件和繁殖方法的不同，表示繁殖力的指标也不尽相同，目前国内外通常应用的评价方法主要有以下几种。

（一）受配率

受配率指在本年度内参加配种的母畜数占畜群内适繁母畜数的百分数。主要反映畜群内适繁母畜发情配种的情况。适繁母畜是指母畜从适配年龄开始一直到丧失繁殖能力之前，都可称为适繁母畜，这里是不包括妊娠、哺乳及各种卵巢疾病等原因造成空怀母畜。受配率的计算公式如下：

$$受配率=\frac{配种母畜数}{适繁母畜数}\times 100\%$$

（二）受胎率

受胎率指在一定时间内配种后妊娠母畜数占参加配种母畜数的百分率。常有以下几种表示方法。

1. 情期受胎率

即表示妊娠母畜头数占配种情期数的百分率，计算公式如下：

$$情期受胎率=\frac{妊娠母畜头数}{配种情期数}\times 100\%$$

可按月份、季度进行统计。它在一定程度上更能反映出受胎效果和配种水平，能较快地发现畜群的繁殖问题。一般来说，当母畜健康，排卵正常，输精较适时，精液品质良好状态下，情期受胎率就高，但通常总要低于总受胎率。

2. 第一情期受胎率

即第一情期配种的妊娠母畜数占第一情期配种母畜数的百分率，计算公式如下：

$$第一情期受胎率=\frac{第一情期配种的妊娠母畜数}{第一情期配种母畜数}\times 100\%$$

3. 总受胎率

即在本年度内妊娠母畜数占配种母畜数的百分率。一般在每年配种结束后进行统计，在计算配种头数时应把有严重生殖系统疾病（子宫内膜炎等）和中途失配的个体排除。计算公式如下：

$$总受胎率=\frac{最终妊娠母畜数}{配种母畜数}\times 100\%$$

4. 不返情率

不返情率也称不再返情率，即配种后某一定时间内，不再表现发情的母畜数占配种母畜数的百分率。但使用不返情率时，必须冠以观察时间，如 30～60 d 不返情率、60～90 d 不返情率、90～120 d 不返情率等。配种后母畜不发情的时间越长，不再发情率越接近实际受胎率。常用于猪、牛和羊，计算公式如下：

$$不返情率=\frac{不再发情的母畜数}{配种母畜数}\times 100\%$$

（三）配种指数

配种指数指每次受胎所需要的配种次数，是衡量受胎力的一种指标，在相同的条件下，则可反映出不同个体和群体间的配种难易程度。配种指数与情期受胎率密切相关，情期受胎率越高，配种指数就越低。配种指数计算公式如下：

$$配种指数=\frac{配种情期数}{妊娠母畜数}$$

（四）繁殖率

繁殖率即指本年度内出生仔畜数占上年度终存栏适繁母畜数的百分率。主要反映畜群增殖效率，与发情、配种、受胎、妊娠、分娩等生殖活动的机能以及管理水平有关。计算公式如下：

$$繁殖率=\frac{本年度内出生仔畜数}{上年度终存栏适繁母畜数}\times100\%$$

（五）成活率

成活率一般是指断奶成活率，即断奶时成活仔畜数占出生时活仔畜总数的百分率，计算公式如下：

$$成活率=\frac{断奶时成活仔畜数}{出生时活仔畜数}\times100\%$$

（六）繁殖成活率

繁殖成活率指本年度内成活仔畜数占上年度终适繁母畜数的百分率，计算公式如下：

$$繁殖成活率=\frac{本年度内成活仔畜数}{上年度终适繁母畜数}\times100\%$$

（七）产犊指数

产犊指数是指母牛两次产犊所间隔的天数，也称产犊间隔。常用平均天数表示，奶牛正常产犊指数约为 365 d，肉牛为 400 d 以上。

（八）产仔窝数

产仔窝数一般指猪或兔在一年之内产仔的窝数。

（九）窝产仔数

窝产仔数指猪或兔每胎产仔的总数（包括死胎和死产），是衡量多胎动物繁殖性能的一项主要指标。一般用平均数来比较个体和群体的产仔能力。

（十）产羔率

产羔率主要用于评定羊的繁殖力，即产活羔羊数占参加配种母羊数的百分率，计算公式如下：

$$产羔率=\frac{产活羔羊数}{参加配种母羊数}\times100\%$$

（十一）牛繁殖效率指数

牛繁殖效率指数（Reproduction Efficiency Index, REI）直接与参加配种母牛数和犊牛断奶前死亡的母牛数有关，在其他条件相似的前提下，可比较不同牛群的管理水平。计算公式如下：

$$\text{REI}=\frac{\text{断奶活犊牛数}}{\text{参加配种母牛数}+\text{从配种到犊牛断奶前死亡的母牛数}}$$

除此之外，衡量繁殖力的指标还有配种率、流产率、增殖率和空怀率等。

工具准备

书籍资料等。

人员准备

任务角色	任务内容
组长：	任务：
组员 1：	任务：
组员 2：	任务：
组员 3：	任务：
组员 4：	任务：
组员 5：	任务：

任务检测

请扫码答题。

任务评价

任务评价表

班级：________ 组别：________ 姓名：________

项目	评分标准	分值	自我评价	小组评价	教师评价
任务实施完成情况	相关知识收集完成度	—			
	繁殖力计算正确性	—			
	分组讨论成果	—			

（续表）

项目	评分标准	分值	自我评价	小组评价	教师评价
知识技能	了解繁殖力的概念及意义	10			
	不同畜禽繁殖力指标	10			
	各繁殖力指标计算方法	20			
	能够正确计算各繁殖力	20			
任务进度	提前进行资料查阅并掌握畜禽繁殖力指标计算方法为 10 分；资料查阅不够齐全，掌握不够全面为 0～9 分	10			
任务质量	繁殖力计算正确为 10 分，计算有偏差或有误为 0～9 分	10			
素养表现	资料整理齐全	10			
思政表现	认真细致的工作作风	10			
合计		100			
自我评价与总结					
教师点评					

项目七 育种技术

项目导读

家畜育种是通过从遗传角度逐代改进畜禽群体性状，实现提高生产经济效益的技术方法。家畜育种主要的内容有：一是改良畜禽各性状的原理及方法；二是遗传改良技术手段的原理及方法；三是对现有品种改良的技术手段；四是培育新品种或新品系的技术手段；五是商品畜禽品种改良的原理及方法；六是育种新技术的应用；七是遗传资源的保存方法及原理。

相较于国外对于畜禽育种工作的研究，我国育种工作开展得较晚，虽然我国属于畜牧大国，畜禽存栏量位居世界前列，但人均占有水平较低，畜禽生产性能低下，经济效益不高，相较于发达国家，我国畜牧产业还是处于落后地位。要改善现状，除了从饲养管理、疫病防治等方面加强外，更重要的是从根本上改进畜禽遗传结构，提高优良品种遗传力，通过品种改良，可迅速改变畜禽遗传结构，改进畜禽群体面貌，从而提高畜禽生产力，从根本上提升我国畜牧生产水平。

学习目标

知识目标

（1）掌握一对相对性状和多对独立遗传性状的遗传规律。

（2）了解连锁遗传现象，掌握互换值的计算以及基因定位的基本方法。

（3）了解遗传规律的普遍性及其在实践中的应用。

（4）掌握性别决定理论、伴性遗传规律及其在畜牧生产上的应用。

（5）了解品种的起源，掌握品种的概念、特性，了解显性基因和隐性基因的选择方法。

（6）掌握性能测定、系谱测定、同胞测定和后裔测定的方法。

（7）掌握近交的遗传效应与近交程度分析方法。

（8）掌握品系的类型和建立品系的方法。

（9）了解和掌握杂种优势的概念、表现以及杂种优势产生的机理。

技能目标

（1）熟练应用遗传的基本规律解释生产中的遗传现象。

（2）能够根据双亲的基因型预测后代可能出现的基因型和表现型，能够根据后代的表现型推测双亲可能的基因型。

（3）学会系谱编制和系谱鉴定。

（4）学会用近交系数和亲缘系数计算的方法分析近交程度。

（5）学会用已知的育种素材设计杂交育种方案。

（6）学会估算杂种优势。

思政目标

（1）从了解遗传学发展进程中，引导学生树立爱国主义思想及大国工匠精神。

（2）引导学生具备刻苦钻研的意志品质。

（3）引导学生积极承担任务，培养团队协作意识。

（4）通过了解我国育种技术的发展过程，使学生树立爱国主义情怀。

（5）引导学生充分发挥专业优势，树立服务“三农”的理想信念。

任务一 遗传的基本规律

任务导入

自 18 世纪中期开始，生物学家就已经在动物、植物上开展杂交实验，随着时间的推移，生物学家的研究方向由单纯的实践探索逐步转变为探究遗传及变异的奥秘，经过长时间的探索，终于发现了不同的遗传定律。

请你查阅资料，总结已经发现的遗传定律是什么，并分别阐述这些定律的主要内容。

任务工单

班级：__________ 姓名：__________ 学号：__________

任务名称	遗传定律
任务描述	根据实际情况，填写本任务的内容、目的、流程和方法。 任务内容：__________ __________ 任务目的：__________ __________ 任务流程：__________ __________ 任务方法：__________ __________

（续表）

<table>
<tr><td>获取信息</td><td colspan="4">要完成任务，需要掌握相关的知识。请收集资料，回答以下问题。
1. 目前主要的遗传定律有哪些？

2. 孟德尔遗传定律主要包括什么？分别是如何研究发现的？

3. 什么是连锁与互换定律？</td></tr>
<tr><td>制订计划</td><td colspan="4"></td></tr>
<tr><td rowspan="7">任务实施</td><td colspan="4">按照预先制订的工作计划，完成本任务，并记录任务实施过程</td></tr>
<tr><td>序号</td><td>完成的任务</td><td>遇到的问题</td><td>解决办法</td></tr>
<tr><td>1</td><td>通过书籍、互联网等工具，查阅并收集相关内容，了解相关知识</td><td></td><td></td></tr>
<tr><td>2</td><td>查阅资料，能准确叙述遗传定律</td><td></td><td></td></tr>
<tr><td>3</td><td>分组对每一种遗传定律进行探讨</td><td></td><td></td></tr>
<tr><td>4</td><td>举例说明不同基因型亲本杂交后遗传后代的基因型及表现型</td><td></td><td></td></tr>
<tr><td>5</td><td>针对在完成活动中遇到的问题及解决情况进行总结</td><td></td><td></td></tr>
</table>

任务准备

知识准备

一、分离定律

（一）孟德尔实验的方法和特点

孟德尔在进行豌豆杂交实验时，总结了前人实验研究方法上的经验教训，采用了一套新的方法。他的实验方法有以下特点。

1. 试验材料都是能真实遗传的纯种

孟德尔选用了适宜的遗传材料——豌豆进行杂交。豌豆是一种严格的自花授粉而且是闭花授粉的植物，所以，不易发生天然杂交。他从种子商那儿得到许多品种的豌豆，用了两年时间进行选种，从中选出一些品系用于实验，这些品系的子代的某一个特定性状总是类似于亲代，即能够真实遗传的性状。

2. 选择有明显区别的单位性状作为观察性状

所谓性状是生物体形态，包括结构和生理、生化等特性的统称。孟德尔又把性状区分为各个单位，以便加以研究。例如，花的颜色、种子的形状、种皮的颜色、成熟豆荚的形状、豌豆茎的高矮等。这些被区分开的每一具体性状称为单位性状。每个单位性状在不同个体间又有各种不同的表现。例如，花的颜色有红色和白色，种子的形状有圆形和皱皮，子叶的颜色有黄色和绿色，茎的高度有高茎和矮茎等。这些性状都构成一对对的相对性状，孟德尔称这些成对的相对性状为单位性状。孟德尔在研究性状遗传时就是以具有相对性状的植株进行杂交实验的，同时在研究某一对单位性状的遗传规律时，暂不分析其他单位性状。在弄清一个单位性状遗传现象的基础上，再在同一杂交组合实验中同时研究多个单位性状，并找出它们的遗传规律。

3. 进行各时代的系谱记载

孟德尔对每棵实验植株的亲代、子一代、子二代等相继世代中性状的表现进行了系谱记载。

4. 应用统计分析的方法

对每个世代不同类别后代的数目进行了记载和统计分析，以确定带有相对性状的植株是否总是按相同的比例出现。孟德尔的遗传学分析方法——统计在杂交的子代中每一类个体的数目，现在仍在使用。事实上，这是 20 世纪 50 年代分子遗传学发现之前唯一的遗传学分析方法。

5. 应用理论假设解释实验结果

虽然孟德尔的理论是作为一项假说而提出的，但它对实验结果解释得相当圆满，实践已经证明这个理论是完美而正确的。

（二）一对相对性状的杂交实验

杂交，在遗传学上指的是具有不同遗传性状的个体之间的交配。杂交所得到的后代叫作杂种。

孟德尔搜集了 34 个豌豆品种，种植 2 年后，从中选择了 22 个纯系作为实验材料。经过仔细观察，从中选取了 7 对区别明显的相对性状，分别进行了杂交实验。实验是在严格控制授粉的条件下进行的，在去雄、人工授粉和套袋中注意防止由于自然授粉而发生的误差，同时采用了互交进行比较，即让两个杂交亲本互为父本或母本，例如，选开红色花的为母本，白色花的为父本，或开白色花的为母本，红色花的为父本。孟德尔将各对相对性状在杂种后代中的表现都做了仔细的观察、记载，实验一直进行到第七代。

孟德尔发现，结圆形种子的植株不管是作为父本还是作为母本，F_1 株全都结圆形种子，皱皮性状看来是被圆形性状掩盖了。他所选定研究的 7 对相对性状都是这样的情况。在每次实验中，F_1 中只出现两个相对性状中的一个。孟德尔把在杂交时两亲本的相对性状能在子一代中表现出来的叫显性性状，不表现出来的性状称为隐性性状。这样，圆形对皱皮是显性性状，皱皮对圆形是隐性性状。子一代中不出现隐性性状，只出现显性性状的现象，叫作显性现象。

孟德尔让 F_1 花授粉，结出的种子再种下去，得到的植株即 F_2。在 F_2 植株上结出的同一荚果内同时出现了圆形和皱皮两种种子。也就是说，在 F_2 中既出现显性性状，又出现隐性性状。孟德尔把这种现象叫作分离现象（或性状分离）。他统计了这些种子的数目：5 474 颗是圆形的，1 850 颗是皱皮的。这个比值非常接近于 3∶1。

上述试验结果显示了 3 个有规律性的共同现象。

（1）F_1 只表现出一个亲本的某个性状，即显性性状。例如，圆形种子、黄色子叶、红花等。

（2）杂交亲本的相对性状在 F_2 中又分别出现。例如，F_2 既有结圆形种子的，也有结皱皮种子的。

（3）F_2 具有显性性状的个体数和具有隐性性状的个体数常表现为一定的分离比例，即接近 3∶1。

现在知道，显性现象和分离现象在生物中是普遍存在的。在家畜家禽中同样有许多相对性状呈现显隐性关系。几种畜禽若干相对性状的显隐性关系如表 7-1-1 所示。

表 7-1-1　几种畜禽若干相对性状的显隐性关系

畜别	性状	显性	隐性	备注
猪	毛色	白色	有色（黑、黑六白、棕、花斑）	有时 F_1 六白不全
		黑六白	黑色、花斑	
	耳型	垂耳（民猪）	立耳（哈白）	耳型一般为不完全显性，F_1 有时耳尖下垂
		前伸平耳（长白）	垂耳	
鸡	冠形	玫瑰冠	单冠	
		豆冠	单冠	
		胡桃冠	单冠	
	羽色	白色（来航）	有色	
		芦花	非芦花（白来航除外）	
		银色	金色	
	脚形	矮脚	正常脚	

（续表）

畜别	性状	显性	隐性	备注
牛	毛色	黑色	红色	
		红色（短角）	黄色	
		黑白花	黄色	
		白头（海福特）	有色头	
	角	无角	有角	
	肤色	黑色	白色	
绵羊	毛色	白色	黑色	
		灰色	黑色	
马	毛色	青毛	骝毛	
		黑毛	栗毛	

（三）分离现象的解释与验证

1. 分离现象的解释

孟德尔提出了假设以解释他的豌豆实验结果。个体是亲代两性配子结合而成的，因此个体性状的表现必定与配子有关。他假设在配子（G）中每一个性状都是由一个相应的遗传因子所支配。例如，圆形豌豆的雌、雄配子里都有一个“圆形因子”，用 R 表示（孟德尔用大写英文字母表示具有显性作用的因子）；皱皮豌豆的雌、雄配子里都有一个“皱皮因子”，用 r 表示（用小写字母表示具有隐性作用的因子）。在体细胞中遗传因子是成对（RR 和 rr）存在的，在形成配子时，成对因子彼此分离，每个配子只含有成对因子中的一个。也就是结圆形种子的豌豆配子中只含有一个 R 因子，结皱皮种子的豌豆配子中只含有一个 r 因子。当这两种植株杂交时，雌、雄配子结合，F_1 的体细胞中既含有 R 又含有 r，恢复了因子成对的状态（Rr）。在 F_1 的体细胞中，R 和 r 虽然同在一起，但并不融合，各自保持自己的完整性，只不过由于 R 因子与 r 因子同在一起时，R 因子起决定作用，而 r 因子没能表现出来，即 R 因子完全抑制了 r 因子的发挥。因此，F_1 只表现圆形性状，而不表现 r 因子决定的性状。但是 r 因子并没有消失，当 F_1（Rr）形成配子时，R 与 r 因子互相分离，各自进入一个配子中去。即 F_1 可形成两种不同类型的配子，一种带 R 因子，另一种带 r 因子，两种配子的数目相等，呈 1∶1 的比数，无论是雄配子还是雌配子都是这样。F_1 所形成的雌、雄配子在授粉时，由于每种雄性配子与每种雌性配子结合的机会是均等的，所以在 F_2 中有三种因子的组合方式，即 RR 、Rr 、rr，比数为 1∶2∶1（图 7-1-1）。又由于 R 对 r 为显性，因此按性状的表现来说，只表现圆形和皱皮两种类型，性状分离比数是 3∶1。

P	RR	×	rr		Rr	×	Rr	
	↓		↓		↙ ↘		↙ ↘	
配子	R		r		R r		R r	
	↘		↙					
F_1		Rr +		F_2	RR	Rr	Rr	rr
		圆形			圆形	圆形	圆形	皱形
					1	: 2		: 1

图 7-1-1 一对相对性状的遗传分析图解

前面已提到的遗传因子，现在通称为“基因”。控制相对性状的一对基因称为等位基因，它是指在同源染色体上占有相同的位点，控制相对性状的一对基因。成对的基因通常用字母来表示，显性基因用大写的字母来表示，隐性基因则用小写的字母来表现。人们把成对的等位基因表示性状或个体的遗传组成方式叫作基因型，例如基因型 RR 表示圆形豌豆植株，基因型 rr 则表示皱皮豌豆植株。基因型是肉眼看不到的，要通过杂交实验才能鉴定。在基因型的基础上表现出来的性状叫作表现型（或称表型）。基因型相同的个体，其表现型一定相同，而表现型相同的个体，其基因型则不一定相同，如 F_2 代的圆形种子的基因型有两种，一种是 RR，另一种是 Rr。由相同基因组成的基因型叫纯合体（也叫纯合子），由不同基因组成的基因型叫杂合体（也叫杂合子）。

表现隐性性状的个体，由于基因型是纯合体，所以能够真实遗传，即后代不出现性状分离，而表现显性性状的个体，其基因型有纯合体和杂合体两种，所以不一定都能真实遗传，因为杂合体的后代会发生分离现象。

现将分离定律概括为如下几点。

（1）遗传性状由相应的等位基因所控制。等位基因在体细胞中成对存在，一个来自父本，一个来自母本。

（2）体细胞内成对的等位基因虽然同在一起，但并不融合，各自保持其独立性。在形成配子时彼此分离，各自进入不同的配子中。

（3）F_1 产生不同类型的配子数目相等，即 1∶1。由于各种雌、雄配子结合是随机的，即具有同等的机会，因此，F_2 中基因型之比是 1∶2∶1，显性与隐性表现型之比为 3∶1。

2. 分离规律的验证

孟德尔的因子分离假设是根据杂交实验结果提出的。但是一种假设，仅对已有的事实作出解释还不够，还需要用实验方法进行验证，检验根据假说的原理所预期的结果，是否与重复实验的结果相一致。分离假设是否能够成立，关键在于杂合体内是否真有显性因子和隐性因子同时存在，以及成对因子在形成配子时是否彼此分离。孟德尔采用测验杂交的方法对假设进行了检验，如图 7-1-2 所示。

	杂交子一代	×	隐性纯合体
	圆形		皱性
测交	Rr		rr
	↙ ↘		↓
配子	R r		r
杂效后代	Rr		rr
	1（106）	:	1（102）

图 7-1-2 测交验证图

测验杂交简称测交，就是用 F_1 代和隐性亲本个体交配。孟德尔之所以要使用隐性亲本，理由是隐性亲本是纯合体，只能产生一种含隐性基因的配子，这种配子与 F_1 所产生的两种配子相结合，就会产生 1/2 的显性性状个体和 1/2 的隐性性状个体。

孟德尔用皱皮亲本 rr 与杂种一代 Rr 测交，测交后代中有 106 颗圆形种子、102 颗皱皮种子，接近于 1：1 的分离比例，与预期的比数完全相符，说明杂合体确实是产生两种类型配子，而且数目相等［卡方（χ^2）检验，说明二者无显著差异］。进行测交时，隐性亲本可以用作母本，也可以用作父本，正、反测交的结果是一致的，证明符合孟德尔的预期结果。

（四）分离比实现的条件

一对相对性状杂交的遗传规律是：F_1 代个体都表现显性性状，F_1 代自交产生的 F_2 代个体表型比例是 3：1。但是这种性状的分离比，必须在一定的条件下才能实现。这些条件是如下。

（1）用来杂交的亲本必须是纯合体。

（2）显性基因对隐性基因的作用是完全的。

（3）F_1 形成的两种配子数目相等，配子的生活力相同，两种配子结合是随机的。

（4）F_2 中 3 种基因型个体存活率相等。

从理论上讲，如果这些条件得到满足，F_2 中性状分离比应该是 3：1。但是在实践中，杂交个体形成的雌雄配子数量很大，参加受精的所占比例非常小，所以不同配子受精的机会不可能完全相等，另外，合子的发育也受到体内外复杂环境条件的影响，因而分离比一般是接近于 3：1。如果上述条件得不到满足，就可能出现比例不符的情况。

二、自由组合定律

分离定律只涉及一对相对性状的遗传，但在动物育种中，经常涉及两对和多对相对性状的杂交，希望通过杂交把双亲的优良性状结合在一起，育成一个比双亲都优越的新品种。例如，猪的甲品种肉质好但生长速度慢，乙品种肉质一般但生长速度快，因此，可以通过甲、乙两个品种的杂交，育成一个既肉质好又生长速度快的新品种。这就有必要了解两对和多对相对性状的遗传规律。孟德尔在研究一对相对性状的遗传现象后，进一步对两对和两对以上相对性状的遗传现象进行了分析研究，发现了遗传的第二个规律——自由组合定律（独立分配规律）。

（一）两对相对性状的杂交实验

孟德尔选用了具有两对相对性状差别的豌豆品种，一个是黄色子叶和圆形豌豆的纯合体亲本，另一个是绿色子叶和皱皮豌豆的纯合体亲本，通过杂交，F_1 自花授粉，得到 F_2 代种子 556 粒，其中黄色圆形种子 315 粒，绿色圆形种子 108 粒，黄色皱皮种子 101 粒，绿色皱皮种子 32 粒，这 4 种类型的数目比率很接近 9∶3∶3∶1（图 7-1-3）。

P　　　黄色圆形 × 绿色皱皮

↓

F_1　　　黄色圆形

↓

F_2	黄色圆形	绿色圆形	黄色皱皮	绿色皱皮
个体数	315	108	101	32
比例数	9 ∶	3 ∶	3 ∶	1

图 7-1-3　豌豆两对相对性状的杂交图解

从上述实验结果可以看出，F_2 代一共出现了 4 种类型，其中有两种类型是亲本原有性状的组合，即黄色圆形和绿色皱皮，叫作亲本型；另外两种是亲本原来没有的性状组合，即绿色圆形和黄色皱皮，叫作重组型。如果对每一对相对性状单独进行分析，其实验结果如下。

（1）子叶颜色。这对相对性状在 556 粒种子中的数目和所占比例为：

黄色子叶　315 + 101 = 416　　74.8%

绿色子叶　108 + 32 = 140　　25.2%

（2）种子性状。这对相对性状在 556 粒种子中的数目和所占比例为：

圆形种子　315 + 108 = 423　　76.1%

皱皮种子　101 + 32 =133　　23.9%

上面重新分类结果表明，黄色和绿色的比例大体上是 3∶1，圆形与皱皮的比例也是 3∶1。这说明一对相对性状的分离与另一对相对性状的分离无关，互不影响。同时，两对性状还能重新组合产生新的性状组合。

在家畜中也有不少类似的现象。例如牛的黑毛与红毛是一对相对性状，无角与有角是另一对相对性状。从杂交实验得知，黑毛对红毛为显性，无角对有角为显性。让纯合体黑毛无角的安格斯牛与纯合体红毛有角的海福特牛杂交，不论谁做父本，谁做母本，F_1 代全是黑毛无角牛。由 F_1 群内公母牛互相交配产生的 F_2，也同样分离出 4 种类型：黑毛无角、红毛无角、黑毛有角、红毛有角，而且 4 种类型的分离比也符合 9∶3∶3∶1。

（二）自由组合现象的解释

在上述杂交实验中，两对相对性状是由两对等位基因控制的，以 Y 和 y 分别代表控制黄色子叶和绿色子叶的基因，以 R 和 r 分别代表控制圆形种子和皱皮种子的基因。已知 Y 对 y 为显性，R 对 r 为显性，所以黄色子叶圆形种子（简称黄圆）的亲本基因型应为 YYRR，绿色子叶皱皮种子（简称绿皱）的亲本基因型则应为 yyrr。按照分离定律，亲本在形成配子时的减数分裂过程中，同源染色体上的等位基因彼此分离，即 Y 与 Y、R 与 R 分离，独立分配到配子中去，因此 Y 和 R 组合在一起，只形成一种类型配子 YR。同样，yy、rr 分离也只组合成一种类型配子 yr。杂交后，YR 和 yr 结合形成 F_1 代个体，基因型为 YyRr，由于 Y、R 为显性，所以 F_1 表现型都是黄色圆形。杂合型的 F_1 代自交，在产生配子的时候，根据分离定律，同源染色体上的等位基因彼此分离，即 Y 与 y 分离，R 与 r 分离，各自独立分配到配子中去，因此，两对同源染色体上的非等位基因可以均等的机会自由组合。

Y 可以和 R 组合在一起形成 YR，Y 也可以和 r 组合在一起形成 Yr；y 可以和 R 组合在一起形成 yR，y 也可以和 r 组合在一起形成 yr。

这样 F_1 代基因型 YyRr 能形成含有两个基因的 4 种类型配子：YR、Yr、yR、yr。而且这 4 种类型配子的数目相等。由于雌雄配子各有 4 种不同的类型，并且这 4 种类型的雌雄配子结合是随机的，那么在 F_2 中就应该有 16 种组合，形成 9 种基因型，其表现型为黄色圆形、绿色圆形、黄色皱皮和绿色皱皮，4 种表现型的比例为 9∶3∶3∶1（图 7-1-4）。

P　　黄色圆形 YYRR × 绿色皱皮 yyrr

↓　减数分裂　↓

配子　　YR　　　　yr

F_1　　黄色圆形 YyRr

↓ ⊗ 数分裂

F_2基因型

配子	YR	Yr	yR	yr
YR	YYRR	YYRr	YyRR	YyRr
Yr	YYRr	YYrr	YyRr	Yyrr
yR	YyRR	YyRr	yyRR	yyRr
yr	YyRr	Yyrr	yyRr	yyrr

黄色圆形：1YYRR，2YYRr，2YyRR，4YyRy　　9

绿色圆形：1yyRR，2yyRr　　3

黄色皱形：1YYrr，2Yyrr　　3

绿色皱形：1yyrr　　1

图 7-1-4　豌豆两对相对性状遗传分析图解

由此看来，孟德尔的实验结果与这个比数完全符合。

自由组合定律的要点如下。

（1）位于不同染色体上的两对或两对以上的非等位基因当形成配子时，同一对基因各自独立分离，分别进入不同配子。

（2）不同对的基因可以自由组合。

（三）自由组合理论的验证

自由组合理论能否成立？孟德尔同样采用测交的方法来进行检验，即用 F_1 与纯合体隐性亲本回交。我们已经知道，针对两对相对性状而言，F_1 代（YyRr）应该产生 4 种类型的配子，当 F_1 和隐性纯合体（yyrr）亲本测交时，由于隐性纯合体只产生一种具有隐性基因的配子，因此，应该得到 4 种表现型的后代，而且数目相等，其比例为 1∶1∶1∶1。测交的结果与预期的完全相符。下面是孟德尔的测交实验图解（图 7-1-5）。

	杂种子一代				隐性纯合体
测交	YyRr		×		yyrr
	↓	↘↘↘			↓
配子	YR	Yr	yR	yr	yr
	↓	↘	↘	↘	↙↙↙↓
测交后代	YrRr	Yyrr	yyRr		yyrr
F_1作母本	31	26	27		26
F_1作父本	24	25	22		26
	1 ∶	1 ∶	1 ∶		1

图 7-1-5 豌豆两对基因的测交结果

图 7-1-5 中测交后代 4 种表型的个体数，经卡方（χ^2）检验证明符合 1∶1∶1∶1 的比例，说明自由组合理论是正确的。

上面讲的是两对相对性状的杂交情况。那么，多对相对性状杂交会产生怎样的结果呢？根据实验结果及其分析得知，它要复杂得多，但也不是没有规律可循，只要各对基因都属于独立遗传的方式，那么在一对基因差别的基础上，每增加一对基因，F_1 代产生的性细胞种类就会增加一倍，F_2 代的基因型种类增加两倍。现将两对以上相对性状的个体杂交，其基因型、表现型、配子的数目及比数的变化，归纳如表 7-1-2 所示。

表 7-1-2 多对相对性状杂交基因型与表现型的关系

相对性状的数目比例	子一代的性细胞种类	子二代的基因型种类	显性完全时子二代表现型种类	子二代表现型
1	2^1=2	3^1=3	2^1=2	$(3:1)^1$

（续表）

相对性状的数目比例	子一代的性细胞种类	子二代的基因型种类	显性完全时子二代表现型种类	子二代表现型
2	$2^2=4$	$3^2=9$	$2^2=4$	$(3:1)^2$
3	$2^3=8$	$3^3=27$	$2^3=8$	$(3:1)^3$
4	$2^4=16$	$3^4=81$	$2^4=16$	$(3:1)^4$
…	…	…	…	…
n	2^n	3^n	2^n	$(3:1)^n$

（四）因子分离、自由组合与染色体行为的一致性

孟德尔提出的遗传因子分离和自由组合是从杂交实验的结果推断出来的。但是遗传因子，现通称为基因，究竟存在于细胞的哪一部位上？又是如何传递的？当时还不清楚。随着细胞学研究的深入，细胞学家萨顿发现，染色体在减数分裂时的行为恰好和孟德尔假设的遗传因子的行为是一致的，并认为遗传因子（基因）位于染色体上。例如，基因在体细胞中是成对存在的，染色体在体细胞中也是成对的；体细胞中成对的基因在形成配子时彼此分离，各自进入一个配子中，所以每个配子只含有其中的一个，体细胞中，成对的染色体（同源染色体）通过减数分裂形成配子时也是这样；雌雄配子结合，染色体恢复成对，而基因也恢复成对。基因的行为和染色体行为动态的一致性使人们认识到，基因就在染色体上，这种理论后来被美国学者摩尔根通过果蝇的大量实验研究所证实，基因在染色体上呈直线排列。根据这个理论，成对的基因就应该分别位于一对同源染色体上，现把这成对的基因称为等位基因。孟德尔定律的关键在于等位基因的分离，等位基因分离的细胞学基础是减数分裂，在同源染色体分离的同时，等位基因也随之分离。

染色体的行为与基因自由组合也是一致的。根据细胞学提供的材料和实际观察，证明在减数分裂时，同源染色体分离，非同源染色体自由组合。染色体的组合类型和杂交实验推知的遗传因子组合的类型和比数也是相同的。

（五）分离定律、自由组合定律在畜禽育种实践中的意义

分离定律和自由组合定律对指导动物遗传育种的实践具有重要作用。

1. 通过分离定律的应用可以明确相对性状间的显隐性关系

在家畜育种工作中，必须搞清楚相对性状间显隐性关系。例如，我们要选育的性状哪些是显性的，哪些是隐性的，以便我们采取适当的杂交育种措施，预见杂交后代各种类型的比例，从而为确定选育的群体大小、性状提供依据。

2. 判断家畜某种性状是纯合体或杂合体

在畜牧业生产中，常常需要培育优良的纯种，这就需要首先选择出某些性状上是纯合体的种公畜（禽）。例如，在鸡的育种中，如果我们需要矮脚纯合体的种公鸡，而对现有的或引进的矮脚公鸡究竟是纯合体还是杂合体不清楚的话，这时我们

可以把这个待鉴定的矮脚种公鸡与正常脚母鸡（正常脚是隐性）进行交配。交配后代如果全是矮脚说明此公鸡是纯合体，否则就是杂合体。

3. 淘汰带有遗传缺陷性状的种畜

种用畜禽应是没有遗传缺陷的。遗传缺陷性状大多数是受隐性基因控制的，因此在杂合体中表现不出来，这样杂合体就成为携带者，可在畜群中扩散隐性基因。尤其是种公畜（禽），如果是携带者，将会给畜牧业带来不可估量的损失。所以，在育种工作中，我们不仅要把具有遗传缺陷性状的隐性纯合体淘汰，而且还要采用测交的方法，检测出携带者，并把它们从畜群中淘汰。

4. 培育优良新品种

在畜禽育种工作中，应用自由组合定律，选择具有不同优良性状的品种或品系进行重新组合，逐步使之纯化，可以培育出符合育种要求的优良新品种或品系。

三、连锁定律

一系列的实验论证了染色体是基因的载体，但是，任何生物染色体的数目都是有限的，而生物体的性状有成千上万个，决定这些性状的基因也有成千上万个，因此每条染色体上必然聚集着成群的基因。位于同源染色体上的基因称为一个基因连锁群。例如，普通果蝇的染色体是 4 对，已知的基因有 500 个以上，人类的染色体是 23 对，而基因数目有 3 万个左右，这些都说明了基因的数目大大超过了染色体的数目。显然，位于同一条染色体上的基因，将不可能进行独立分配，它们必然随着这条染色体作为一个共同单位而传递，从而表现了另一种遗传现象，即连锁遗传。美国生物学家摩尔根在孟德尔之后，用果蝇做实验材料，揭示了这一重要的遗传现象。

（一）完全连锁

同一条染色体上的基因构成一个连锁群，它们在遗传的过程中不能独立分配，而是随着这条染色体作为一个整体共同传递到子代中去，这就叫作完全连锁。在生物界完全连锁的情况是很少见的，典型的例子是雄果蝇和雌家蚕的连锁遗传，现以果蝇为例来说明。

果蝇的灰身（B）对黑身（b）是显形，长翅（V）对残翅（v）是显形。用纯合体的灰身长翅果蝇与纯合体的黑身残翅雌果蝇杂交，F_1 全部是灰身长翅（BbVv）。用 F_1 中的雄果蝇又与双隐性亲本雌果蝇进行测交测，按照分离定律和自由组合定律，F_1 雄果蝇应产生 BV、Bv、bV、bv 四种精子，双隐性雌果蝇只产生一种 bv 卵子，因此测交后代应该出现灰身长翅、灰身残翅、黑身长翅黑身残翅、黑身长翅 4 种类型，而且是 1∶1∶1∶1 的比例。可是实验的结果与理论分离比数不一致，后代只出现灰身长翅和黑身残翅两种亲本型果蝇，其数量各占 50%，并没有出现灰身残翅和黑身长翅的果蝇。这表明 F_1 形成的精子类型可能只有 BV 和 bv 两种，两对基因之间没有重新自由组合。如何解释这个现象呢？

假设 B 和 V 这两个基因连锁在同一条染色体上，用符号 BV 来表示，b 和 v 连锁在另一条对应的同源染色体上，用符号 bv 来表示。如果用纯合体灰身长翅果蝇和纯合体黑身残翅果蝇杂交，F_1 是灰身长翅果蝇。用 F_1 雄果蝇在与隐身亲本雌果蝇测交时，由于杂合的 F_1 代雄果蝇在形成配子时只能产生两种配子（BV 和 bv），雄果蝇只产生一种配子（bv），所以测交后代只有灰身长翅和黑身残翅两种类型，比例是 1∶1。这就是完全连锁的遗传特点，如图 7-1-6 所示。

P		灰身长翅		黑身残翅
		$\frac{BV}{BV}$	×	$\frac{bv}{bv}$
			↓	
测交	F_1	$\frac{BV}{bv}$	×	$\frac{bv}{bv}$
		灰身长翅		黑身残翅
			↓	
测交后代		$\frac{BV}{bv}$	×	$\frac{bv}{bv}$
		灰身长翅		黑身残翅
		50%		50%

图 7-1-6　雄果蝇完全连锁图解

（二）不完全连锁（互换）

不完全连锁指的是连锁的非等位基因，在形成配子的过程中发生了互换，这样就出现了和完全连锁不同的遗传现象。

在家鸡中有一种白色卷羽鸡，实验得知，鸡羽毛的白色（I）对有色（i）为显色性，卷羽（F）对常羽（f）为显性。用纯合体白色卷羽鸡（IIFF）与纯合体有色常羽鸡（iiff）杂交，F_1 全部是白色卷羽鸡，用 F_1 代母鸡与双隐性亲本公鸡进行测交，产生了 4 种类型的后代，其比例数不是预期的 1∶1∶1∶1，而是亲本型大大超过重组型，如图 7-1-7 所示。

图 7-1-7 可以看出，F_1 形成的 4 种类型的配子数目确实是不相等的，亲本型（白色卷羽和有色常羽）个体数占 81.8%，重组型（白色常羽和有色常羽）个体数只占 18.2%。我们知道，在自由组合情况下，亲本型和重组型应该各占 50%，或者说 4 种类型配子各占 25%，上述测交的结果与这个理论数相差很大现在的问题是，F_1 所产生的 4 种类型的性细胞数目为什么不相等？为什么亲本型性细胞总是出现得多，而重组型性细胞总是要少些呢？这要从基因和染色体的关系上来寻求答案。

P　　白色卷羽　　　有色常羽

$\frac{\text{IF}}{\text{IF}}$ × $\frac{\text{if}}{\text{if}}$

↓

F$_1$　　白色卷羽　　　有色常羽

$\frac{\text{IF}}{\text{if}}$ × $\frac{\text{if}}{\text{if}}$

↓

测交后代

♂ \ ♀	IF	if	If	iF
If	$\frac{\text{IF}}{\text{if}}$	$\frac{\text{if}}{\text{if}}$	$\frac{\text{If}}{\text{if}}$	$\frac{\text{iF}}{\text{if}}$
	白色卷羽	有色卷羽	白色卷羽	有色卷羽

亲本型 81.8%　　　　重组型 18.2%

图 7-1-7　家鸡的测交图解

（三）连锁互换遗传的解释

我们知道，染色体是基因的载体，每一条染色体上必定有许多基因存在。存在于同一条染色体上的非等位基因，在形成配子的减数分裂过程中，如果没有发生交叉互换，就会出现完全连锁遗传的现象。例如上述雄果蝇的测交实验，由于 B 和 V 连锁在一起，b 和 v 连锁在一起，因此，F$_1$ 只产生了两种配子（ BV 和 bv ），所以测交后代只有亲本型而没有重组型。但是，在大多数生物中见到的往往是不完全连锁遗传。当两对非等位基因不完全连锁时，F$_1$ 不但产生亲本型配子，而且还产生重组型配子。其原因是 F$_1$ 在形成配子时，性母细胞在减数分裂的粗线期，非姊妹染色单体之间发生了 DNA 片段的互换，基因也随之发生了互换，由此形成的 4 种基因组合的染色单体分别组成 4 种不同的配子，其中两种配子是亲本型组合，两种重组型组合的染色单体分别组成 4 种不同的配子，其中两种配子是亲本型组合，两种是重组型组合。

连锁与互换的机制表明，只要某一性母细胞在两个基因座位之间发生一次互换，形成配子中必定有一半是亲本组合，一半是重新组合，最后 4 种配子的比例恰好是 1∶1∶1∶1 但家鸡连锁互换遗传中，测交实验表明，F$_1$ 产生的 4 种配子比数并不相等，所以通过配子随机组合，产生的 4 种类型后代，其比例数不是 1∶1∶1∶1，而是接近于 1.00∶0.80∶0.27∶0.13。这又如何解释呢？

实际上，多数情况下并不是全部性母细胞都在某两个基因座位之间发生互换，不发生互换的性母细胞形成的配子都属于亲本组合。当有 20% 的性母细胞发生互换时，重新组合配子占总配子的 10%，刚好是发生互换的性母细胞的百分数的一半。

由此可以推知，如有 80% 的性母细胞在两个基因座位之间发生互换，重新组合配子数占总数的 40%。由此可见，在连锁遗传情况下，F_1 产生的 4 种类型配子比数不相等，亲本组合配子多于重新组合配子，原因就在于只有部分性母细胞发生了互换。

（四）连锁定律的应用

连锁基因间的交换以及基因间的自由组合，是造成不同基因重新组合从而出现新的性状类型的两个重要原因，是自然界里或在人工条件下生物发生变异的重要来源。由基因交换和自由组合所造成的基因重组在生物进化中具有重大意义，它提供了生物变异的多样性，有利于生物的发展。另外，基因重组还为我们的选种工作提供了理论依据和原始材料。

根据连锁交换定律，可以进行基因连锁群的测定及基因的定位。这样不仅使染色体理论更趋于完整，而且对进一步开展遗传实验和育种实验具有重要的指导意义。例如，根据连锁图上已知的交换频率，可以预测杂交后代中我们所需要的新性状组合类型出现的频率，从而为确定选育群体的大小提供依据。

了解由于基因连锁造成的某些性状间的相关性，可以根据一个性状来推荐另一个性状，特别是当知道了早期性状和后期性状之间的基因连锁关系后，就可以提前选择所需要的类型，大大提高选择效果。

工具准备

书籍资料等。

人员准备

任务角色	任务内容
组长：	任务：
组员 1：	任务：
组员 2：	任务：
组员 3：	任务：
组员 4：	任务：
组员 5：	任务：

任务检测

请扫码答题。

任务评价

任务评价表

班级：__________ 组别：__________ 姓名：__________

项目	评分标准	分值	自我评价	小组评价	教师评价
任务实施完成情况	相关知识收集完成度	—			
	遗传定律掌握程度	—			
	遗传杂交图绘制正确率	—			
知识技能	查阅资料准确，内容正确	20			
	掌握孟德尔遗传定律	20			
	掌握连锁与互换定律	20			
任务进度	课前完成率 100% 为 10 分，完成率 30%～60% 为 7～9 分，完成率 30% 以下为 3～6 分，未完成为 0～2 分	10			
任务质量	整体效果很好为 10 分，较好为 7～9 分，一般为 3～6 分，较差为 0～2 分	10			
素养表现	资料查阅齐全、整理规范	10			
思政表现	刻苦钻研的意志品质	10			
合计		100			
自我评价与总结					
教师点评					

任务二 选种

任务导入

选种是家畜育种过程中的重要环节，选种主要通过在相同情况下对畜禽进行生产性能测定，通过估计个体育种值进行遗传评估，最后根据综合结果留种。生产性能的测定是选种的基础，通过生产性能的测定，获取选种所需的信息，进一步综合各信息进行个体遗传评定，为留种提供数据支撑。

目前，我国北方饲养的荷斯坦牛重要的选种指标是产乳量、乳脂率、体质外貌评分。某奶牛场资料如下：

产乳量 P_1=4 500 kg h^2_1=0.3 W_1=0.40

乳脂率 P_2=3.6% h^2_2=0.4 W_2=0.35

外貌评分 P_3=72 分 h^2_3=0.3 W_3=0.25

试根据上述资料制定荷斯坦牛的综合选择指数公式。

任务工单

班级：__________ 姓名：__________ 学号：__________

任务名称	个体选择方法
任务描述	根据实际情况，填写本任务的内容、目的、流程和方法。 任务内容：__________ 任务目的：__________ 任务流程：__________ 任务方法：__________
获取信息	要完成任务，需要掌握相关的知识。请收集资料，回答以下问题。 1. 家畜选择的基本方法有哪些？每一种方法如何进行选择？ 2. 目前生产中最常用到的选择方法是哪一种？为什么？ 3. 综合选择指数法各指标代表什么意义？

（续表）

制订计划				
任务实施	按照预先制订的工作计划，完成本任务，并记录任务实施过程。			
	序号	完成的任务	遇到的问题	解决办法
	1	通过书籍、互联网等工具，查阅并收集相关内容，了解相关知识		
	2	查阅资料，能准确叙述家畜选择方法		
	3	分组对每一种选择方法进行探讨。利用综合指数法进行选种，并完成任务内容		
	4	综合指数法的运用		
	5	针对在完成活动中遇到的问题及解决情况进行总结		

任务准备

知识准备

一、品种资源及保护利用

在食品和农业生产中，家畜以肉、奶、蛋、毛、畜力和有机肥等形式提供了人类30%～40%的需求，这些都来源于40多个畜禽种类的大约4 500个品种。在近代几百年时间里，人类应用遗传学理论，创造和培育了大量的品种和品系，为畜牧业生产提供了丰富的品种资源。如何合理保存家畜品种资源，科学开发利用当代家畜品种，对未来的家畜育种具有重要的意义。

（一）品种的概念

动物的“种”是具有一定形态、生理特征和自然分布区域的生物类群，是生物分类系统的基本单位。一个种中的个体一般不能与其他种中的个体交配，即使交配也不能产生有生殖能力的后代。种是生物进化过程中由量变到质变的结果，是自然选择的产物。品种是人们为了某种经济目的，在一定的自然和经济条件下，通过长期的选育而形成的具有某种经济价值的动物类群。品种是畜牧学上的概念，是人类的农业生产资料，是人工选择的结果。作为一个家畜品种应具备以下条件。

1. 来源相同

凡属于同一个品种的家畜，有着基本相同的血统来源，即具有共同的祖先。同一品种的家畜，个体之间有着血统上的联系，故其遗传基础也非常相似。

2. 性状相似

作为同一个品种的家畜，在体形结构、生理机能、重要经济性状、对自然环境条件的适应性等方面都很相似，它们构成了该品种的基本特征，据此很容易与其他品种相区别。没有这些共同特征也就谈不上是一个品种。

3. 遗传稳定，种用价值高

品种必须具有稳定的遗传性，才能将其典型的特征遗传给后代。这不仅使品种得以保持下去，而且当它与其他品种杂交时能起到改良作用，具有较高的种用价值，这是纯种家畜与杂种家畜的最根本区别。

4. 有一定的结构

在具备品种基本共同特征的前提下，一个品种的个体可以分为若干各具特点的类群，称为品系或亲缘群。这些类群可以是自然隔离形成的，也可以是育种者有意识地培育而成的，它们构成了品种内的遗传异质性。这种异质性为品种的进一步改良和生产丰富多样的畜产品提供了条件。正是由于有这种异质性，才能使一个品种在纯种繁育条件下仍能继续得到改进提高。品种内的类群，由于形成原因的不同，可区分为地方类型和育种场类型。同一品种由于分布地区各方面条件不同，形成若干互有差异的类群就叫作地方类型。同一品种由于所在牧场的饲养管理条件和选种选配方法不同，所形成的不同类型就叫作育种场类型。例如，同是东北细毛羊，在辽宁省的小东种畜场、吉林省的双辽种羊场和黑龙江省的银浪羊场，就各具一格，各成一型。

5. 有足够的数量

数量是决定能否维持品种结构、保持品种特性、不断提高品种质量的重要条件，数量不足不能成为一个品种。只有当个体数量足够多时，才能避免过早和高度的近亲交配，才能保持个体的适应性、生命力和繁殖力，并保持品种内的异质性和广泛的利用价值。一个品种究竟应拥有多少个体才符合要求？我国近年来畜禽选育协作组织根据各地实际情况，分别提出了一些数量标准。例如，规定新品种猪应有分属 5 个以上不同亲缘系统的 50 头以上生产公猪和 1 000 头以上生产母猪，绵、山羊新品种的特级、一级母羊数应在 3 000 只以上。

（二）品种的演变

一个品种不是固定不变的，在家畜品种的形成过程中，最主要的是人类的活动，也就是人类对家畜的饲养管理和育种工作。品种的形成，也并不完全决定于人类的主观意愿，还要受社会经济条件和自然环境条件两个重要客观因素的制约。

1. 社会经济条件

社会需求是形成不同用途培育品种的主要因素。例如，在工业革命之前的社会经济中，由于农业、军事的需要，养马业受到特别的重视，根据用途培育出了许多骑乘型、役用型品种。工业化时期所产生的大量城市人口，对乳、肉、蛋、绒、裘、革的需求越来越大，于是人类又定向地培育出了乳用、肉用、蛋用、毛用、绒用、裘皮用以及兼用型的家畜家禽品种。

社会经济因素是影响品种形成和发展的首要因素。市场需求、生产性能水平、集约化程度无不影响着品种的形成和发展，任何一个品种“变”是绝对的，都有一个形成、发展和消亡的过程。

2. 自然环境条件

任何生物对生存环境都有一定的适应能力，这是生命在自然选择压力下逐渐积累的特性，人工选择产生的品种也不例外。影响品种形成的自然环境因素包括光照、海拔、温度、湿度、空气、水质、土质、植被、食物结构等。例如，高温干燥、植被稀疏的中东地区培育出了体型修长的轻型马（如阿拉伯马），而低温湿润、植被茂盛的欧洲则多育成体型粗壮的重型马（如比利时重挽马、俄罗斯重挽马、法国阿尔登马和泼雪龙马等）。另外，牛的品种像温带的黄牛、热带的瘤牛、青藏高原的牦牛、河湖湿热地区的水牛等，都是在当地自然环境条件下育成的，有明显的地域适应性，如果使其生活环境发生剧烈改变，往往会因不适应新环境而患病甚至死亡。因此，每个品种都被打上了它所在产地自然环境条件的烙印，都表现出与其原产地环境条件密切适应的特征。

（三）品种的特性及分类

1. 按培育程度分类

（1）原始品种。原始品种是在农业生产水平较低，长期选种选配水平不高，而又饲养管理粗放的情况下所形成的品种。例如，蒙古马和蒙古牛，它们终年放牧，气候恶劣，夏季酷热，冬季严寒又缺草料，在这种情况下，所受自然选择的作用较大。原始品种的特点是如下。

①晚熟，个体一般相对较小。

②体格协调，生产力低，但产品种类较全面。

③体质粗壮，耐粗耐劳，适应性强，抗病力高（我国黄牛很少患肺结核病）。

由此可见，原始品种虽有不少缺点，但也有它的长处，特别是对当地条件的良好适应性是非常宝贵的，这是培育能适应当地条件而又高产的新品种所必需的原始材料。在改良提高原始品种时，首先要从改善饲养管理着手，然后再进行适当的选种选配或杂交，以改善其遗传基础。

（2）培育品种。它是经过人们有明确目标选择和培育出来的品种。由于人们对它的育成付出了巨大的劳动，因此，其生产力和育种价值都较高。这类品种是在人类经济和科技水平较发达的社会阶段形成的，对畜牧业生产力的提高起着重要作用。培育品种大多具有以下特点。

①生产力高，而且比较专门化。

②早熟，即能在较短时期内达到经济成熟，体型也较大。

③要求的饲养管理条件高，同时也要求较高的选种选配等技术条件。

④分布地区往往超出原产地范围。由于生产性能好，人们喜欢，分布范围越来越广。如荷斯坦乳牛、约克夏猪、长白猪、来航鸡等已遍布世界大部分地区。

⑤品种结构复杂。一般说来，原始品种的结构只有地方类型，而育成品种因受到细致的人工选择，除地方类型和育种场类型外，还育成了许多品系和品族。

⑥育种价值高，与其他品种杂交时，能起到改良作用。

（3）过渡品种。有些品种虽达不到培育品种程度，但比原始品种的培育程度高，人们称这一类品种为过渡品种。过渡品种往往很不稳定，如能进一步选育，可能成为培育品种。

当然，以上 3 类品种的划分是相对的，是有条件的。

2. 按生产力类型分类

（1）专用品种。由于人们的长期选择和培育，使品种的某些特性获得显著发展，或某些组织器官产生了突出的变化，从而出现了专门的生产力。根据这个标准，可将马分为骑乘品种（如英纯血马）、挽用品种（如阿尔登马）等；牛分为乳用品种（如荷斯坦牛）、肉用品种（如海福特牛）等；羊分为细毛品种（如美利奴羊）、半细毛品种（如考力代羊）、羔皮品种（如湖羊、卡拉库尔羊）、裘皮品种（如滩羊）、肉用品种（如南丘羊）等；猪分为脂肪型品种（如陆川猪）、瘦肉型品种（如长白猪）等；鸡分为蛋用品种（如白来航鸡）、肉用品种（如科尼什鸡）等。

（2）兼用品种。这类品种有两种：一是在农业生产水平较低的情况下形成的原始品种，它们的生产力虽然全面但较低；二是专门培育的兼用品种，如肉乳兼用牛（如短角牛）、毛肉兼用羊（如新疆细毛羊）、卵肉兼用鸡（如洛岛红鸡）等，这些兼用品种，体质一般较健康结实，对地区的适应性较强，但生产力低于专用品种。

应用这种分类法划分品种也不是绝对的，因为随着时代的变迁，有些品种的生产力类型会有变化。如短角牛本以肉用著称，但以后有些地方又形成了乳用短角牛和兼用短角牛品种。

3. 按体型和外貌特征分类

这种分类方法历史悠久，简单而实用，一直沿用至今。

（1）按体型大小。家畜分为大型、中型、小型 3 种。例如，马有重型（重挽马）、中型（蒙古马）、小型或矮马（云南的矮马、阿根廷的微型马等）。家兔也有大型品种（成年体重 5 kg 以上）、中型品种（成年体重 3～5 kg）、小型品种（成年体重 2.5 kg 以下）。猪也有小型猪（如香猪）。

（2）按角的有无。牛、绵羊中根据角的有无分为有角品种和无角品种。绵羊还有公羊有角、母羊无角的品种。

（3）按尾的大小或长短。绵羊有大尾品种（大尾寒羊）、小尾品种（小尾寒羊）以及脂尾品种（乌珠穆沁羊）等。

（4）根据毛色或羽色。猪有黑、白、花斑、红等品种。某些绵羊品种的黑头、喜马拉雅兔的“八黑”等都是典型的品种特征。鸡的芦花羽、红羽、白羽等也是重要的品种特征。

（5）根据鸡的蛋壳颜色。有褐壳（红壳）品种和白壳品种。

（6）根据骆驼的峰数。有单峰驼和双峰驼。

在实践中，人们常常根据需要将这 3 个分类方法结合起来使用，究竟用哪种更合适，要视畜种和有关情况而定。

工具准备

书籍资料等。

人员准备

任务角色	任务内容
组长：	任务：
组员 1：	任务：
组员 2：	任务：
组员 3：	任务：
组员 4：	任务：
组员 5：	任务：

任务检测

请扫码答题。

任务评价

任务评价表

班级：__________　　组别：__________　　姓名：__________

项目	评分标准	分值	自我评价	小组评价	教师评价
任务实施完成情况	相关知识收集完成度	—			
	家畜选种方法掌握程度	—			
	正确制定综合选择指数公式	—			
知识技能	查阅资料准确，内容正确	20			
	掌握家畜选择方法	20			
	掌握不同选择方法的区别，并能正确进行判定	20			

（续表）

项目	评分标准	分值	自我评价	小组评价	教师评价
任务进度	课前完成率100%为10分，完成率30%～60%为7～9分，完成率30%以下为3～6分，未完成为0～2分	10			
任务质量	任务结果正确为10分，结果正确率50%～80%为7～9分，结果正确率30%～50%为3～6分，结果正确率30%以下为0～2分	10			
素养表现	资料查阅齐全、整理规范	10			
思政表现	严谨细致的工作作风	10			
合计		100			
自我评价与总结					
教师点评					

任务三　选配

任务导入

在畜牧生产中，选种的目的主要是为了获取遗传性好、生产性能强、繁殖力强、育种价值高的公母畜，要想获得优良的后代，除了加强选种工作外，还要进行选配工作，选种与选配工作是互相联系、彼此促进的，选配是建立在选种的基础上，同时也是选种工作的延续，通过选配能够巩固选种的效果，将选种工作与选配工作结合起来，才能获得较好的育种效果。

根据下列系谱，计算 F_X。

X							
D				S			
4		3		2		1	
8	7	6	5	8	7	6	5

任务工单

班级：________ 姓名：________ 学号：________

<table>
<tr><td>任务名称</td><td colspan="4">近交系数计算</td></tr>
<tr><td>任务描述</td><td colspan="4">根据实际情况，填写本任务的内容、目的、流程和方法。
任务内容：________
____
任务目的：________
____
任务流程：________
____
任务方法：________
________</td></tr>
<tr><td>获取信息</td><td colspan="4">要完成任务，需要掌握相关的知识。请收集资料，回答以下问题。
1. 家畜选配的种类有哪些？

2. 近交程度分析方法？

3. 近交系数如何进行计算？</td></tr>
<tr><td>制订计划</td><td colspan="4"></td></tr>
<tr><td rowspan="7">任务实施</td><td colspan="4">按照预先制订的工作计划，完成本任务，并记录任务实施过程</td></tr>
<tr><td>序号</td><td>完成的任务</td><td>遇到的问题</td><td>解决办法</td></tr>
<tr><td>1</td><td>通过书籍、互联网等工具，查阅并收集相关内容，了解相关知识</td><td></td><td></td></tr>
<tr><td>2</td><td>查阅资料，能准确叙述家畜选配方法</td><td></td><td></td></tr>
<tr><td>3</td><td>分组对每一种选配方法进行探讨</td><td></td><td></td></tr>
<tr><td>4</td><td>近交系数如何进行计算</td><td></td><td></td></tr>
<tr><td>5</td><td>针对在完成活动中遇到的问题及解决情况进行总结</td><td></td><td></td></tr>
</table>

任务准备

知识准备

一、选配概述

在畜牧生产实践中，只选择出优良的种公母畜是不够的。能否产生优良的后代，不仅取决于双亲的品质，而且还取决于它们的选配组合是否恰当。因此，在育种过程中，除做好选种工作外，还必须做好配对工作。选配就是有计划地决定公母畜的配对，即根据育种目标有计划地为母畜选择最合适的公畜，或为公畜选择最合适的母畜进行交配，使其产生基因型优良的后代。

在畜牧业生产中，选种与选配是互相联系、互相促进的。选种是选配的基础和先决条件，选种的作用必须通过选配才能表现出来，不通过个体的选择，就不可能进行合理的选配。同样，没有合理的选配，选种的成果也不可能得到巩固，而且选配所产生的优良后代，又为进一步选种提供了丰富的材料。所以，只有把选种和选配有机地结合起来，才能不断产生理想的后代。

（一）选配的作用

选配是人工干预下的一种非随机交配制度，通过对家畜有意识地组合配对，可使优良基因得到良好组合，以获得人类需要的优良后代。因此，选配是控制和改良家畜品质的一种强有力手段，能使群体的遗传结构不断得到改进和提高。具体来说，选配在家畜育种工作中有以下 4 个方面的作用。

1. 选配可使基因重组，创造出新的变异类型

选配的公母双方，遗传基础是不同的，有的属于同一品种，有的则是不同品种；有的有亲缘关系，有的没有亲缘关系；有的品质相同，有的则有较大差异。它们交配产生的后代，遗传结构重新组合，为培育优良畜禽提供了选择的素材。通过选配，可使公母双方的优良基因发生互补作用，产生杂种优势，使后代的生活力、抗病力和生产性能等方面得到进一步提高。

2. 选配可使等位基因纯合，固定理想性状

家畜的遗传基础来源于双亲，如果公母双方遗传基础相近，那么所生后代的遗传基础就很可能与其父母出入不大。若选择性状特征相近的公母畜交配，使同基因型的个体交配的概率增加，会使后代中纯合基因型频率升高，照这样逐代选配下去，该性状的遗传基础即可逐渐趋于纯合，性状特征也就相应被固定下来。

3. 选配能把握变异的方向，并加强某种变异

当畜群中出现某种有益的变异时，可通过选种将具有该变异的优良公母畜选出，然后通过选配强化该变异，它们的后代不仅可能保持这种变异，而且还可能比亲代更加明显和突出。如此，经过多代长时期的选种、选配和培育工作，有益变异就能在畜群中得到突出发展，形成该畜群独具的特点，以致扩大成为一个新的类群，从而培育出新的品种或品系。

4. 选配能控制近交程度

根据交配双方的亲缘关系进行选配，可以有效地控制近交程度。按照育种的要求，合理使用近交，防止过度近交，避免不必要的近交，特别是在小群体中要防止被迫近交。细致的选配工作可使群体近交系数增量控制在较低的水平。

（二）选配的种类

选配实际上是一种交配制度。选配可分为个体选配和种群选配两大类。个体选配则根据配偶双方的品质异同和有无亲缘关系，分为品质选配和亲缘选配两种；种群选配按交配双方所属种群特性的不同，可分为纯种繁育与杂交繁育两种。

1. 个体选配

个体选配就是根据交配双方的品质异同和亲缘关系的远近进行选配。

（1）品质选配。品质选配是根据交配双方的品质异同进行的选配。所谓品质，既可以指一般品质，如体质外貌、生产性能、生物学特性等方面的品质，也可以指遗传品质，就数量性状而言，是指所估计育种值的高低。根据交配双方的品质异同，又可分为同质选配和异质选配两种。

①同质选配。同质选配就是选用性状相同、性能表现相似或育种值相似的优秀公母畜进行交配，以期获得相似的优秀后代。选配双方越相似，越有可能将共同的优良品质遗传给后代。

同质选配的作用是使亲本的优良性状稳定地遗传给后代，使优良性状得以保持和巩固，并在畜群中增加具有这种优良性状的个体。在育种实践中，为了保持种畜有价值的性状，增加群体中纯合基因型的频率，常采用同质选配；杂交育种到了一定阶段，出现了理想型，也可采用同质选配，使理想类型在群体中得到巩固和扩大。

同质选配的效果与基因型的判断是否准确有密切关系。如果仅根据表型进行选配，表型相同的个体基因型未必相同，如果交配双方都是杂合子，即使是同基因型交配，后代也将发生分化，性状不能巩固。所以在进行同质选配之前，如果能对公母畜主要性状进行基因型判定，则可以收到良好效果。要提高同质选配的效果，选配中应以 1～2 个性状为主。对于遗传力高的性状，同质选配的效果一般较好；对于中等遗传力的性状，短期内效果表现不明显，可连续继代进行，使群体逐渐达到同质的程度。

在育种实践中，无论是通过纯种繁育改进现有品种，还是在杂交育种过程中固定理想型，只要是为了巩固和加强有价值的品质都可应用同质选配。但应认识到，在使用同质选配促进优良基因纯合的同时，也有可能提高有害基因同质结合的几率，把双亲的缺点固定下来，同时还可使后代的适应性和生活力下降，从而降低生产水平。因此，应用同质选配应注意 3 个问题：一是选配的性状要集中，其遗传力越高越好；二是选配双方应只有共同优点，没有共同缺点；三是尽量用最好的配最好的，不用一般的配一般的。对同质选配产生的后代要加强选择，严格淘汰不良个体和有遗传缺陷的个体，注意改善饲养管理条件，以提高同质选配的效果。

同质选配的优点是能较好地巩固和保持优良性状，增加群体中纯合基因型的频率。通过多个世代的同质选配，会使被选择的优良性状在群体中突出地表现出来，而且该性状的遗传性会越来越稳定。同质选配的缺点是不利于产生新变异，会阻碍或削弱新性状的产生，使种群内的变异性减小，有时也可能使种畜的某些缺点得到强化；若长期采用同质选配，有可能出现无意识近交，导致衰退现象的发生。对有较强遗传相关的性状长期进行同质选配时，可能会在甲性状达到同质的情况下，与其相关的乙性状变差。例如，在羊的选配时，长期注意羊绒细度的同质选配，就会降低绒长度；反之，只注重绒长度的同质选配，又会引起绒纤维变粗。长期同质选配容易造成单方面的过度发育，引起体质变弱、生活力下降等不良后果。例如，美国在安哥拉山羊选配中，长期按照剪毛量和羊毛品质进行片面选种、选配，结果导致安哥拉山羊体质变弱、品种退化。因此，在进行同质选配时，应充分考虑和注意其相关性状及综合品质的提高，否则，会造成其他品质的下降。

②异质选配。选用不同品质的公母畜交配叫作异质选配。可分为两种情况：一种是选择具有不同优良性状的公母畜交配，以期将两个性状结合在一起，从而获得兼有双亲不同优点的后代。例如，选毛长的羊与毛密的羊相配，选产乳量高的母牛与乳脂率育种值高的公牛相配，就是从这一目的出发的。另一种是选同一性状但优劣程度不同的公母畜相配，即所谓以优改劣、以良好性状纠正不良性状，以期后代能取得较大的改进和提高。例如，在毛肉兼用细毛羊中，二级羊一般毛密但毛长不够理想，可用特级或一级羊中毛密且长的公羊与二级母羊进行选配，以提高二级羊后代的毛长。再如，用产毛量高的公羊去配产毛量中等的母羊等。实践证明，这是一种可以用来改良许多性状的行之有效的选配方法。异质选配的主要作用是综合双亲的优良性状，丰富后代的遗传基础，创造新的类型，并提高后代的适应性和生活力。因此，当畜群处于停滞状态，或在品种培育的初期，为了通过性状的重组获得理想型个体时，需要应用异质选配。但如果长期使用异质选配，可能会使种群的整体结构和原有特性受到一些损害，使个体之间的变异加大，造成群体参差不齐现象。有时由于基因的连锁和性状间的负相关等原因，双亲的优良性状不一定都能很好地结合在一起。为了使异质选配取得良好效果，必须考虑性状的遗传规律和遗传相关等。

在育种实践中，同质选配与异质选配往往是互为条件、结合进行的。长期同质选配能增加群体中遗传性稳定的优良个体，为异质选配提供了良好的基础，而异质选配的后代群体，应及时转入同质选配，使新获得的性状得以稳定。在育种的某一阶段，可能同质选配多些，而另一个阶段，可能异质选配多些。一般在育种初期多采用异质选配，当后代中出现理想类型后可转为同质选配。有时在具体选配时，对某些性状是同质选配，而对另一些性状则是异质选配。例如，有一头产乳量高、乳脂率低的母牛，选一头产乳量和乳脂率育种值都高的公牛与之交配，对产乳量来说是同质选配，对乳脂率来说则是异质选配。再如，一头母猪产仔数多但腹大背凹，选一头产仔数育种值高、背腰平直的公猪与之交配，以获得产仔数多、背腰比较平直的后代，这里对产仔数这一性状而言是同质选配，对背腰而言则是异质选配。可见，同质选配与异质选配是不能截然分开的，只有将这两种方法密切配合，交替使用，才能不断提高和巩固整个畜群的品质。采用异质选配时应注意：一是选配的优良性状宜少不宜多，既要考虑性状各自的遗传力，又要注意彼此遗传相关度；二是后代群体要适当大一些，以利于各类性状组合的充分表现，并按需要进行严格的淘汰；三是禁止使用有相反缺点（如凸背与凹背或"X"形腿与"O"形腿）的公母畜进行弥补选配，因为这样的交配不仅不能克服缺陷，有时会使后代的缺陷更严重，甚至出现畸形；四是要注意异质选配的相对性，相配家畜之间，可能在某些方面是同质的，而在另一些方面是异质的。

（2）亲缘选配。根据交配双方的亲缘关系进行选配，叫作亲缘选配。如果交配双方到共同祖先的世代数之和在 6 代及 6 代以内，叫作近亲交配，简称近交。

如果交配双方到共同祖先的世代数之和在 6 代以上，叫作远亲交配，或称远交。近交有有害的一面，也有有利的一面。无论是繁殖场还是生产性牧场，一般都应避免近交。在育种工作中，为了固定优良性状，往往需要采用近交。近交的应用是一项技术性很强的工作。远交有利于保持后代较强的生活力。远交的用途很广，在家畜育种过程中，经常采用的是远亲交配。在畜牧业生产中，为了避免近交衰退造成经济损失，更应当完全采用远亲交配。要建立系谱登记和配种记录制度，保证远亲交配的实施。

2. 种群选配

种群选配就是根据交配双方所属种群的异同而进行的选配。所谓种群，是指种用的群体，它可以是动物分类学上的属、种等，也可以是畜牧学上的品种、品系、品群等。

（1）纯种繁育。纯种繁育是指同种群内的选配，即选择相同种群的个体进行交配，简称纯繁，其目的在于获得纯种。在同一种群内长期进行繁育，由于选配个体来源相同，体质外形、生产力及其他性状又比较相似，势必造成纯合基因型频率逐渐升高，所形成的群体具有较高的遗传稳定性。但种群内的纯合都是相对的，没有一个种群的基因型会达到绝对纯合，尤其是比较高产的品种，性状的变异范围更广，遗传基础异质性更大，通过种群内的选种、选配，后代中会出现各种各样的变异，为种群的不断发展，提供了可能。因此，纯种繁育具有以下两个作用：一是巩固遗传性，使种群固有的优良品质得以长期保持，并迅速增加同类型优良个体的数量，达到保持种群纯度的目的；二是提高现有品质，使种群水平不断上升，达到提高整个种群质量的目的。当一个种群的生产性能基本上能满足国民经济需要，在生产力方向上不需要做重大改变，为了保持种群的优良特性，为以后的家畜育种工作保留丰富的育种资源时，可以采用纯种繁育的方法。

（2）杂交繁育。杂交繁育是指不同种群间的选配，即选择不同种群的个体进行交配，简称杂交。其目的在于获得杂种。杂交主要有两方面的作用：一是使基因和性状重新组合，原来不在一个群体中的基因集合到一个群体中来，原来分别在不同种群个体身上表现的性状集中到同一个体；二是产生杂种优势，即杂交产生的后代在生活力、适应性、抗逆性以及生产力等方面，都比纯种有所提高。

杂交后代的基因型往往是杂合子，遗传基础很不稳定，所以杂种一般不能再作种畜使用。杂种具有很多的新变异，有利于选择，又具有较大的适应范围，因而是良好的育种材料。另外，杂交还能起到改良作用，能迅速提高低产种群的生产性能，或者使之改变生产力方向。由此可见。杂交在畜牧业生产中具有重要的地位。

杂交可以从各种角度进行分类。按杂交双方种群关系的远近，可分为属间杂交、种间杂交、品种间杂交和系间杂交等。按杂交的目的，又可把杂交分为经济杂交、引入杂交、改良杂交和育成杂交等。经济杂交的目的是利用杂种优势，提高畜禽的经济价值。引入杂交的目的是引入少量外血，以加速改良本品种的个别缺点。改良杂交的目的是利用经济价值高的品种，改良经济价值低的品种，提高其生产性能，甚至改变其生产方向，如用肉牛品种改良普通黄牛，用细毛羊改良粗毛羊等。

育成杂交的目的是育成一个新品种。按杂交的方式，可将杂交分为简单杂交、复杂杂交、改造杂交、轮回杂交和双杂交等。

要正确处理纯繁与杂交的关系。纯繁可促使更多的等位基因纯合，使种群固有的优良品质得以巩固和稳定；杂交则是促使各对基因的杂合性增加，使原来在不同种群表现的优良性状集中到同一类群或个体上来，并产生杂种优势。两者是互相依存的，没有纯就没有杂，亲本种群愈纯，杂交双方基因频率相差愈大，杂种优势就愈突出。只有通过纯繁把亲本种群提纯，才能取得良好的杂交效果。

（三）选配计划的拟定

选配计划又叫选配方案。每个种畜场在繁殖季节到来之前都要事先制定选配计划，以保证各项工作有条不紊地进行。制订选配计划应遵循以下原则。

1. 根据育种目标进行综合考虑

育种工作应有明确的目标，各项具体工作应按照目标进行。为了更好地完成育种目标规定的任务，不仅应考虑选配个体的品质和亲缘关系，还必须考虑选配个体所隶属的种群对它们后代的作用和影响。在分析个体和种群特性的基础上，考虑采用什么样的选配方式才能保持其优良品质，并克服其缺点。

2. 尽量组织配合力好的家畜配种

在对过去交配结果具体分析的基础上，挑选出产生过优良后代的选配组合，一方面继续维持，另一方面还应增选具有相应品质的公母畜交配。特别是进行经济杂交时，更应该重视配合力问题。种群选配时也同样要分析系、族间配合力的大小。

3. 公畜质量要高于母畜

在动物育种中，因公畜具有带动和改进整个畜群的作用，而且选留数量少，所以对其等级和质量的要求都应高于母畜。对特、一级公畜应充分使用，二、三级公畜则只能控制使用。公畜的等级最低等于母畜，绝不能使用低于母畜等级的公畜来配种。

4. 相同缺点或相反缺点者不配

选配中绝不能选用具有相同缺点（如绵羊毛短与毛短）或相反缺点（如猪凹背

与凸背）的公母畜交配，以免加重后代的缺点。

5. 正确使用近交

近交需控制在育种群中必要时使用，它是一种短期内局部采用的方法。在一般繁殖群，非近交才是长期而又普遍使用的方法。同一公畜在一个畜群的使用年限不能过长，应注意做好种畜交换和血缘更新工作。

（四）选配前的准备工作

要制订好选配计划，必须事先了解和收集一些必要的资料。

首先，应了解整个畜群的基本情况，包括系谱资料、畜群的现有水平以及需要改进提高的地方。为此，要对畜群进行普查鉴定。

其次，应分析以往的选配结果，查清每一头母畜与哪些公畜交配曾产生过优良的后代，与哪些公畜交配效果不好。对于已经产生良好效果的交配组合，今后可采用“重复选配”的方法，即重复选定同一公母畜组合配种。对于初配母畜，可以分析其全同胞或半同胞姐妹与什么样的公畜交配已经产生良好效果，可以用这样的公畜与这些初配母畜试配，当这些母畜产生第一胎仔畜后，就可进行总结，找出较好的配对作为今后选配的依据。

最后，应分析即将参加配种的公母畜的系谱和个体品质（如体重、体尺、外形、体质类型、生产力、选择指数、评定等级和育种值等），对每一头家畜要保持的优点、要克服的缺点以及要提高改进的性状，做到心中有数。此外，还可分析后裔测定材料，找出最好的交配组合，使制订的选配计划更有把握。

（五）具体选配计划的制订

选配计划没有固定的格式，但其内容一般应包括：互相交配的公母畜的名字或编号及其品质说明、选配目的、选配原则、选配公母畜优缺点、以往选配的效果、需要保留哪些优点和纠正哪些缺点、选配双方有无亲缘关系、选配方法和预期效果等。为了保证选配计划顺利地实施，在计划中还应安排选配的候补公畜。

在制定选配计划时，应尽可能地扩大优良公畜的利用范围，尽量发挥其作用。在选配计划执行中，如发生公畜精液品质变差或伤残死亡等偶然情况，应及时更换种用公畜并对选配计划作出合理修订。每次的选配计划执行后，应及时总结经验，为制订下一次的选配计划提供有价值的信息。

二、近交及其应用

近交就是指双方到共同祖先的总代数不超过6代的个体间的交配，所生子女的近交系数大于0.78%。要正确应用近交，必须了解近交的遗传效应，学会近交程度的分析方法，掌握近交的运用技术。

（一）近交的遗传效应

1. 近交可促使等位基因纯合

近交可增加相同基因型交配的概率，是一定程度的同型交配。若纯合子间同型交配，所产生的子代全部都是纯合子。若杂合子间同型交配，子代就会产生分化。就一对基因而论，可分化出 50% 的纯合子和 50% 的杂合子；若继续同型交配，下一代的杂合子频率降低到 25%；同型交配 n 代后杂合子的频率为（1/2）^{n}，纯合子频率为 1-（1/2）^{n}。动物近交时，基因纯合的速度要比同型交配缓慢，但遗传效应是一致的。故近交的结果必然是群体中纯合基因型频率升高，杂合基因型频率降低。由于近交是按亲缘关系进行的，所以近交对机体各对基因具有相同的效应，既能使显性基因纯合，也能使隐性基因纯合，既能使优良基因纯合，也能使有害基因纯合。

2. 近交会降低群体平均值

数量性状的群体平均值本质是基因型值的平均数。数量性状的基因型值包括基因的加性效应和非加性效应两部分，加性效应是微效基因累加作用引起的，非加性效应由显性效应和互作效应构成。显性效应和大部分互作效应都存在于杂合子当中，故非加性效应值也可以大致地称为杂合效应值。近交能提高纯合子的频率，降低杂合子的频率，群体的平均非加性效应值也会随之减小，因此，数量性状的群体平均值就会降低，这是近交衰退的主要原因。

近交降低群体平均值的程度与三个因素成正比：第一是近交系数（F）；第二是显性程度（D）；第三是等位基因频率之积（pq）。当 p 和 q 均为 0.5 时，pq 为最大值，所以当基因频率中等时，近交衰退最严重。在一个理想的纯系中，p=1，q=0 或 p=0，q=1，pq 都等于 0，就不存在近交衰退现象了。

3. 近交可使群体产生分化

近交能使个体基因型趋向纯合，同时使群体发生分化。经过近交，杂合子频率逐代降低，最后趋向于 0，纯合子频率逐代增加，整个畜群最后分化成几个不同的纯合子系，即纯系。对于一对基因（Aa）来说，分化成两个纯系，即 AA 系与 aa 系；2 对基因（AaBb）分化成 4 个纯系，即 AABB 系、AAbb 系、aaBB 系、aabb 系。依此类推，若有 n 对基因，就能分化为 2n 个纯系。

近交使群体分化是伴随着群体中纯合子频率的不断提高实现的，而群体中纯合子频率的提高是逐步进行的，原始群体的杂合子频率越高，近交使群体分化的过程越长，所需要的代数越多。

（二）近交程度分析

近交作为一种育种措施，必须使用适度才能收到理想的效果。因此，在育种工作中对近交程度要有一个衡量和表示的方法。衡量和表示近交程度的方法主要有亲缘结构式法和近交系数计算法。

1. 亲缘结构式法

亲缘结构式法是用罗马数字表示共同祖先在系谱中母系与父系出现的世代数来反映近交程度的一种方法。现以 46 号公羊的系谱为例，说明具体分析方法。

（1）首先编制 46 号公羊的竖式系谱，并从该个体的父母代开始，逐代标上Ⅰ，Ⅱ，Ⅲ……以表示祖先代数。

（2）查看系谱的母系和父系双方，有无重复出现的共同祖先，如有，可用

“△、√、★、*”等符号将其标出。46 号的系谱中就有 103 号和 101 号两个共同祖先（表 7-3-1）。

表 7-3-1　46 号公羊的系谱

<table>
<tr><td colspan="4">102</td><td colspan="4">155</td></tr>
<tr><td colspan="2">47</td><td colspan="2">103 △</td><td colspan="2">17</td><td colspan="2">103 △</td></tr>
<tr><td>6</td><td>101 *</td><td>8</td><td>10</td><td>5</td><td>101 *</td><td>8</td><td>10</td></tr>
</table>

（3）用罗马数字分别写出共同祖先在母系和父系方面所出现的代数，中间用一横线相连，横线左侧为母系，右侧为父系。若某个祖先在母系方面的祖代和曾祖代各出现一次，就在横线左边记上Ⅱ和Ⅲ；如果在系谱的父系与母系出现多个共同祖先，就把不同的共同祖先分别记录，但估计近交程度时应以亲缘关系最近的一个祖先为准。本例中 103 号在母系和父系方面均出现在祖代，可写成“103 Ⅱ - Ⅱ”。101 号在母系和父系方面均出现在曾祖代，可写成“101Ⅲ-Ⅲ”。

（4）按下列标准分析其近交程度。亲缘结构式法将近交程度分为三类，即嫡亲、近亲、中亲。

①嫡亲（两边数字之和为 3 或 4）：Ⅰ-Ⅱ，Ⅱ-Ⅰ，Ⅱ-Ⅱ，Ⅰ-Ⅲ，Ⅲ-Ⅰ。

②近亲（两边数字之和为 5 或 6）：Ⅱ-Ⅲ，Ⅲ-Ⅱ，Ⅲ-Ⅲ，Ⅰ-Ⅳ，Ⅳ-Ⅰ，Ⅱ-Ⅳ，Ⅳ-Ⅱ。

③中亲（两边数字之和为 7 或 8）：Ⅲ-Ⅳ，Ⅳ-Ⅲ，Ⅳ-Ⅳ，Ⅱ-Ⅴ，Ⅴ-Ⅱ，Ⅰ-Ⅵ，Ⅵ-Ⅰ。

以上 3 种类型中，近交程度最高的是全同胞交配（Ⅱ-Ⅱ，Ⅱ-Ⅱ）、母子交配（Ⅰ-Ⅱ）和父女交配（Ⅱ-Ⅰ），其次是半同胞交配（Ⅱ-Ⅱ），再次为祖孙交配（Ⅰ-Ⅲ，Ⅲ Ⅰ），更远一些为姑侄交配（Ⅱ-Ⅲ）、叔侄交配（Ⅲ-Ⅱ）和堂兄妹交配（Ⅲ-Ⅲ）等。

（5）按此方法评定近交程度时，应注意以下几点。

①共同祖先的父母，虽也重复出现，但不再计算，以免重复。

②当共同祖先在多个世代中重复出现时，可将出现的代数都写上，横线两边可有多个罗马数字。此时的近交程度比以最近的代数所评定的近交程度还要近。

③当系谱中有多个共同祖先出现时，每一共同祖先可用一组罗马数字标记。此时的近交程度比以最近的共同祖先评定的近交程度还要近。

④若某些个体只在父系或母系单方重复出现，不能算作共同祖先。没有共同祖先，就不是近交，而是由近交向远交过渡的一种形式。

从 559 号母羊的系谱（表 7-3-2）中可以看出，145 号仅出现于母系，而 70 号仅出现于父系，虽然母系 430 号和父系 345 号都是近交个体，559 号母羊的父母没有共同祖先，父母之间无亲缘关系，所以 559 号母羊不是近交个体。

表 7–3–2　559 号母羊的系谱

<table>
<tr><td colspan="8">430</td><td colspan="8">345</td><td></td><td>Ⅰ</td></tr>
<tr><td colspan="4">145</td><td colspan="4">130</td><td colspan="4">180</td><td colspan="4">70</td><td>Ⅰ</td><td>Ⅱ</td></tr>
<tr><td colspan="2">120</td><td colspan="2">105</td><td colspan="2">145</td><td colspan="2">5</td><td colspan="2">131</td><td colspan="2">70</td><td colspan="2">10</td><td colspan="2">8</td><td>Ⅱ</td><td>Ⅲ</td></tr>
<tr><td>25</td><td>6</td><td>65</td><td>5</td><td>120</td><td>105</td><td>3</td><td>2</td><td>20</td><td>70</td><td>10</td><td>8</td><td>9</td><td>4</td><td>7</td><td>1</td><td>Ⅲ</td><td>Ⅳ</td></tr>
</table>

对 345 号公羊的系谱来说，其父方和母方系谱中均出现共同祖先 70 号，并出现在 345 号公羊竖式系谱的Ⅰ、Ⅱ、Ⅲ代中，此时应记为“70Ⅱ、Ⅲ-Ⅰ”，而共同祖先 70 号的父母 8 号和 10 号不再计算。对 430 号母羊的系谱来说，其母系和父系中均出现共同祖先 145 号和 5 号，故 430 号的近交程度可表示为“145Ⅰ-Ⅱ，5Ⅲ-Ⅱ”。

用罗马数字表示近交程度，方法简便，易于掌握，能给人一个大致的概念。但此法过于笼统，缺乏具体的数字指标，特别是对于比较复杂的近交不易表示，因此不能完全适应育种工作的需要。

2. 近交系数计算法

近交系数是指个体通过双亲从共同祖先得到相同基因的机会，也可以说是通过近交使基因纯合的百分率。两个个体如有共同祖先，那么这两个个体就带有这个共同祖先传给它们的基因。当这两个个体交配时，就可以把它们从共同祖先那里得来的基因传给后代。所以近交系数可以理解为一个个体的两个相同等位基因来自同一祖先的概率。

个体近交系数的计算。利用通径分析的原理，可以推导出计算个体 X 近交系数的公式如下。

$$F_X=\sum[(1/2)^{n_1+n_2+1}\times(1+F_A)]$$

式中：

F_X 为个体 X 的近交系数；

n_1 为一个亲本到共同祖先的代数；

n_2 为另一个亲本到共同祖先的代数；

F_A 为共同祖先 A 的近交系数；

$\sum$ 是所有通径计算值总和。

当共同祖先为非近交个体时，F_A=0，公式可简化为：

$$F_X=\sum(1/2)^{n_1+n_2+1}$$

计算个体近交系数的方法步骤如下。

（1）从个体的系谱中查找出共同祖先，用适当的符号如“△、★、※”等作标记。

（2）把原系谱改编成结构式系谱（即箭形图），编制规则是：系谱中不登记生产性能及其他材料，仅登记畜号或名字；后代写在左方或下方，祖代写在右方或上方，每个个体与其子女用一通径线（带箭头的线段）相连，箭头方向由祖先指向后代；同一个体不管它在原系谱中出现几次，在结构式系谱中仅占一个位置，并且注意各条连线尽量不交叉；凡不涉及近交的个体可省略不计。

（3）寻找通过共同祖先连接双亲的路径。从一个亲本出发，沿着箭头的反方向向后退，到共同祖先后改变方向，沿着箭头方向前进到另一亲本，为一条路径。把所有的路径都找全，并确定每条路径的 n_1 和 n_2。

（4）代入公式计算。若共同祖先不是近交所生个体，可用简化公式计算；若共同祖先为近交个体，应首先计算共同祖先的近交系数，然后代入公式计算。

种畜 X 的横式系谱如下，计算个体 X 的近交系数。

第一步，这个系谱中共同祖先是 D，把它标记出来。

第二步，把横式系谱改编成结构式系谱。

第三步，寻找通径链。在这个系谱里，个体（X）的父亲（B）和母亲（C）的共同祖先是 D，通过共同祖先连接双亲的通径链只有一条，即 B ← D → C，n_1=l，n_2=l。B 到 D 的世代数为 1 代，C 到 D 的世代数也是 1 代。

第四步，代入公式计算。由于 D 本身的系谱不清楚，此时 D 的近交系数可看作是 0，代入公式得：

$$
\begin{aligned}
F_X &= \sum(1/2)^{n_1+n_2+1} \\
&= (1/2)^{1+1+1} \\
&= 0.125 = 12.5\%
\end{aligned}
$$

在育种工作中，计算个体的近交系数可以了解个体的近交程度，计算个体间的亲缘系数可以了解个体间的亲缘关系和程度，即遗传相关程度。计算个体近交系数和个体间亲缘系数，对畜群的选种、选配、防止近交衰退和品系繁育具有重要的指导意义。

工具准备

书籍资料等。

人员准备

任务角色	任务内容
组长：	任务：
组员 1：	任务：
组员 2：	任务：
组员 3：	任务：
组员 4：	任务：
组员 5：	任务：

任务检测

请扫码答题。

任务评价

任务评价表

班级：__________ 组别：__________ 姓名：__________

项目	评分标准	分值	自我评价	小组评价	教师评价
任务实施完成情况	相关知识收集完成度	—			
	家畜选配方法掌握程度	—			
	近交系数计算正确性	—			
知识技能	查阅资料准确，内容正确	20			
	掌握家畜选配方法	20			
	掌握家畜近交及其应用	20			
任务进度	课前完成率 100% 为 10 分，完成率 30%～60% 为 7～9 分，完成率 30% 以下为 3～6 分，未完成为 0～2 分	10			
任务质量	任务结果正确为 10 分，结果正确率 50%～80% 为 7～9 分，结果正确率 30%～50% 为 3～6 分，结果正确率 30% 以下为 0～2 分	10			
素养表现	资料查阅齐全、整理规范	10			
思政表现	严谨细致的工作作风	10			
合计		100			
自我评价与总结					
教师点评					

任务四　培育品种

任务导入

在生产中进行品种培育十分重要，尤其是通过培育形成适合我国特殊生态环境、抗病力及抗逆性强的优良品种十分重要。由于我国地域辽阔，自然条件差异较大，没有任何一个品种可以完全适应每一种自然环境，因此通过培育适合地域特色的品种是十分必要的；通过品种培育，能够开发出具有自身特色、竞争力强的优良畜禽，对于提高生产效率，增强市场竞争力，促进畜牧产业高质量发展至关重要。

请结合青海省现有几个品种资源，藏系羊、新疆毛肉兼用细毛羊、罗姆尼羊、波尔华斯羊、无角陶赛特羊等，采用育成杂交的方式，请你绘制育成肉毛兼用型半细毛羊杂交方案示意图。

任务工单

班级：＿＿＿＿＿＿　姓名：＿＿＿＿＿＿　学号：＿＿＿＿＿＿

任务名称	绘制杂交方案示意图
任务描述	根据实际情况，填写本任务的内容、目的、流程和方法。 任务内容：＿＿＿＿＿＿ 任务目的：＿＿＿＿＿＿ 任务流程：＿＿＿＿＿＿ 任务方法：＿＿＿＿＿＿
获取信息	要完成任务，需要掌握相关的知识。请收集资料，回答以下问题。 1. 品系的类型和建立品系的方法有哪些？ 2. 杂交育种的原理和方法是什么？ 3. 如何设计杂交育种方案？
制订计划	

（续表）

任务实施	按照预先制订的工作计划，完成本任务，并记录任务实施过程			
	序号	完成的任务	遇到的问题	解决办法
	1	通过书籍、互联网等工具，查阅并收集相关内容，了解相关知识		
	2	查阅资料，了解并熟练掌握品系的类型和建立品系的方法		
	3	分组探讨杂交育种的原理和方法		
	4	杂交图绘制原理及方法		
	5	针对在完成活动中遇到的问题及解决情况进行总结		

任务准备

知识准备

一、本品种选育

本品种选育是指在本品种内部通过选种选配、品系繁育、改善培育条件等措施，以提高品种性能的一种方法。一些古老品种，长期通过人为的选育，生活在相似的饲养管理及自然环境条件下，因而形成了稳定的遗传性，能稳定地把优良的性状遗传给后代。本品种选育的目的，不仅要保持这些优良的特性、特点及生产性能，而且还要在保持纯种的基础上进一步加以发展和提高，使之更适合于国民经济和市场经济的需要。

本品种选育的基础在于本品种内存在差异。品种内存在异质性，为本品种选育不断选优提纯，全面提高品种的质量提供了可能。为了保持和发展一个品种的优良特性，增加品种内优良个体的比例，克服该品种的缺点，达到保持品种纯度和提高整个品种质量，实行本品种选育是十分必要的。

本品种选育广泛用于地方良种、新品种、育成品种保纯和改良提高，一般是在一个品种的生产性能基本上能满足国民经济需要，不必作重大方向性改变时使用。如秦川牛、小尾寒羊、太湖猪、湖羊等，都应采取本品种选育的方法。我国各地从国外引进的大量畜禽优良品种，以及通过杂交育种培育出的新品种，都需要进行本品种选育，以便保持和不断提高其生产性能和适应性。

二、本品种选育的基本措施

（一）建立选育机构

成立育种委员会或领导小组，组织科研院所、大专院校、生产场站协作选育。在统一组织领导下，制定选育方案，各单位分工负责，定期进行统一鉴定，对加速地方良种的选育能起到积极推动作用。

（二）制订选育计划，确定选育目标

选育计划和选育目标要根据国民经济发展的需要，当地自然条件和社会经济条件，特别是农牧条件，以及原品种具有的优良特性和缺点，综合考虑制订。

（三）划定选育基地，建立良种繁育体系

在地方良种的产区，应划定良种选育基地。良种繁育体系由育种场、良种繁殖场、一般繁殖场三级组成，也可采用育种场、良种专业户、良种户三结合的形式。在良种场内还要建立良种核心群，为选育区提供优良种畜。

（四）健全性能测定和严格选种选配

在选育过程中，一项重要的技术措施是定期进行性能鉴定。要拟订简易可行的良种鉴定标准和办法，实行专业选育与群众选育相结合，不断精选育种群和扩大繁殖群。育种场必须固定技术人员定期按全国统一的技术规定，及时、准确地做好性能测定，建立健全种畜档案，实行良种登记制度。做好选种选配，淘汰劣质种畜，严禁乱交乱配。

（五）科学饲养与合理培育

任何畜禽品种都是在特定条件下培育而成的，需要良好的饲养条件和科学的管理，才能发挥其生产性能。各场应供给充足的营养，创造适宜该品种生长发育的环境条件。

（六）开展品系繁育

在本品种选育过程中，积极创造条件，开展品系繁育，有利于品种全面提高。一般来说，地方良种由于地理和血缘上的隔离，往往形成了若干不同类型，这为品系繁育提供了有利条件。

（七）适当导入外血

如采用上述选育措施，仍然进展不快，还不能有效地克服一个品种的个别严重缺陷时，则可考虑采用引入杂交。由于只引入少量外血加以改良，基本上没有改变本品种的性质，所以仍为本品种选育的范畴。

三、品系繁育系

品系是指一群具有突出优点，并能将这些突出优点相对稳定地遗传下去的种用畜群。品系作为家畜育种工作最基本的种群单位，在加快现有品种的改良、促进新品种的育成和充分利用杂种优势等育种工作中发挥了巨大的作用。

（一）品系繁育的作用

品系繁育是家畜育种中最重要的育种方法。在品种内建立一系列各具特点的品系，丰富品种结构，有意识地控制品种内部的差异，使品种的异质性系统化。品系繁育的全过程不仅是为了建立品系，更重要的是利用品系，加快种群的遗传进展，加快现有品种的改良，促进新品种的育成和充分利用杂种优势。

1. 促进新品种的育成

纯种繁育可以应用品系繁育，杂交育种同样可以应用。在杂交育种中，当出现理想型的杂种后代，就可以开始品系繁育，迅速稳定优良性状的遗传，形成若干个具有不同特点的品系，建立新品种的完整结构，进而育成新品种。

2. 加快现有品种的改良

（1）利用品系繁育可使分散在畜群中优秀个体的特点集中变为畜群所共有，大量增加群内优秀个体的数量，从而提高现有品种的质量。

（2）由于抓住重要经济性状，在遗传上使其迅速稳定，继续在高水平下繁育，从而不断提高原有品种的性能水平。

（3）在品种内建立完整结构，恰当地处理品种内个体间的亲缘关系，使品种内存在一定的差异，保持原有品种强有力的生命力。

3. 加快种群的遗传进展

品系具有优点突出、群体小、易纯化、畜群周转快等特点，因此通过品系繁育的方法可以加快畜群的遗传进展。

4. 充分利用杂种优势

由于品系繁育提高了畜群的纯度和性能水平，使畜群不仅具有较高的种用价值，也成为杂种优势利用的良好亲本。专门化品系和合成系产生的“杂优畜禽”，比品种间杂交产生的杂种具有更明显的杂种优势。

（二）品系的类型

品系繁育是培育、保存和发展品种或提高杂种优势的一项重要育种措施。从家畜育种工作发展阶段来看，它的表现形式大体有下列 5 种。

1. 地方品系

同一家畜品种，由于分布在相对不同的自然条件和饲养管理条件以及社会经济条件下，人们对家畜的要求有所区别，因而对种畜的选留标准亦有些不同，从而形成了一些具有不同特点的地方类群。这种在同一品种内经长期选育而形成的具有不同特点的地方类群称为地方品系。例如，广东省的紫金猪，虽然具有早熟易肥的特性和黑背白腹的特征，但具有明显的地方特点。分布在紫金县东南部的兰塘猪，由于地处丘陵，物产丰富，群众习惯于单传法，父传子、母传女，血统集中，长期近交，表现体型小，早熟，生长快，杂种优势明显。西部的龙窝猪，地处山区，交通不便，农产品不甚丰富，表现体型大，耐粗饲。于是，一个紫金猪形成了兰塘和龙窝两个地方品系。

我国的畜禽地方品种几乎都有地方品系。为了解决一些“同种异名”的问题，将一些地方类型合并为一个品种，以致一些地方品种拥有更多的地方品系。例如，太湖猪分布在太湖流域有60余万头，按照体型外貌和性能上的某些差异，分二花脸、梅山、枫泾、嘉兴、米猪、沙乌头等6个地方品系。

从国外引入的品种，通常按输入国分系。例如，荷斯坦奶牛有荷系、日系、美系、加系；大白猪有苏系、法系、英系、美系、加系；白洛克鸡有加系、日系等；安哥拉长毛兔有法系、英系、日系等。这种分系不能与地方品系完全等同看待。因为一个畜种，由于所在国的环境、选育要求和方法不同，往往会形成差异明显的不同类型。例如，美系荷斯坦奶牛发展成乳用型，而荷系荷斯坦奶牛则已偶向乳肉兼用型。又如日系巴克夏猪保持原巴克夏偏脂肪类型，而澳系巴克夏猪则已偏瘦肉类型。由此可见，不同输入国的系，它们之间的差异有些已超过一般地方品系。

2. 单系

品系的形成是以一头理想的优秀祖先为中心，以它为理想型标准选留后代，采用近交，巩固该祖先的优良性状，扩大具有理想型的个体数量，从而使原来仅为个体所特有的优良品质转变为群体所共有。这种由一头优秀祖先形成的具有突出优点的有亲缘关系的畜群，称为单系。

单系是在育种工作者精心培育下形成的。由于以一两项突出的生产性能或体型外貌为标志，单系形成快，特点明显且比较稳定，遗传优势较强，育种价值较高。在19世纪，这种品系对育种改良起过重大作用。例如，短角牛的“公爵夫人”系、娟姗牛的“金童”系等对品种的形成曾起到奠基者的作用。但以后由于过分注重血统，强调优秀祖先的作用，忽视了性状，对品种的改良产生了不利影响。

3. 近交系

连续进行同胞交配，畜群近交系数在37.5%以上，这样形成的品系称为近交系。20世纪40—50年代，西方鸡、猪的近交系发展较快。由于高度近交，衰退严重，淘汰率很高，以致建系过程成本太高，经济效益不显著，因而未能普及。

4. 群系

选择具有共同优秀性状的个体组群，通过闭锁繁育，迅速集中优秀基因，形成群体稳定的特性，这样形成的品系称为群系，亦就是多系祖品系。与单系比较，群系不仅使建系过程大大缩短，品系规模扩大，且有可能使原分散的优秀基因在后代集中，从而使群体品质超出任何一个系祖。

5. 专门化品系和合成系

专门化品系是在20世纪60年代中期出现的。这是一种具有某方面突出的优点，专门用于某一配套杂交的品系。可分为专门化父本品系和专门化母本品系。

例如，在肉畜中既要建立繁殖性能高的母本品系，也要建立育肥和屠宰性能好的父本品系，二者杂交后，杂种优势比一般品种间杂交效果好得多。20 世纪 70 年代以后发展到合成系，即以两个或两个以上的品种或系，通过杂交建立的品系。这种合成系往往生产性能较高，重点突出经济性状，不追求外形的一致，育成快，用于特定品系配套杂交，后代具有明显的杂种优势。如四系配套的荷兰海波尔猪，加拿大的星杂 579 鸡等，它们的父系和母系都是合成系。这些以专门化品系、配套杂交产生的具有高产性能、品质整齐均匀的杂种称为“杂优畜禽”。

（三）建立品系的方法

品系繁育首先要建立品系，目前应用的建系方法较多，归纳起来可分为系祖建系法、近交建系法和群体继代选育法。

1. 系祖建系法

系祖建系法主要是选定系祖，品系繁育的成效主要决定于系祖的品质。一个优秀的系祖首先应具有独特的稳定遗传的优点，其余特征特性在中等以上水平。其次，体质健壮，无损征与遗传病，测交证明不带有隐性有害基因。最后，有一定数量的优秀后代。

系祖可以寻找，也可以培养。寻找系祖的基本方法：第一，对畜群进行性能测定和性能资料分析；第二，若发现该畜群有共同的突出优点，则进行畜群血统分析，弄清它们的来源，追溯共同的突出优点是哪个祖先传递的；第三，查清该祖先的系谱和体型外貌评分。

如果寻找不到系祖，可以自己培养系祖。方法是从现有畜群中选择最优秀的公母畜交配或引进优秀种公畜产生后代，从中选择后备公畜并经后裔测定，符合系祖条件者确定为系祖。为系祖选配母畜，从大量后代中选择系祖的继承者，经过连续几代繁育，从而形成与系祖有血统联系、具有与系祖共同特点的高产畜群。它的实质是由个体选择到群体推广，强调血统，通过选配在群内扩大系祖高产基因的频率。它的核心是以系祖为中心，繁殖亲缘群，最后形成品系。随着畜牧生产的发展，育种实践经验的总结与提高，人们在强调血统的同时也重视了性能，提出性能与亲缘相结合的建系法，克服了系祖建系法曾经产生过的偏差。

与配母畜或继承母畜的选择，首先必须符合选育目标，体型外貌符合品系要求，性能的主要指标应达到或至少也要接近品系的选育指标。系祖建系的任务是把系祖的突出优点逐步扩大到整个畜群。因此，与配母畜或继承母畜的性能要好，对于遗传力低的性能更应严格要求。另外，作为系祖的与配母畜，在血统上与系祖无亲缘关系，但必须是同质的。品系的继承母畜多是系祖半同胞的后代，同时也选择少量与系祖无亲缘关系的、同质的母畜。

由系祖和与配母畜或者继承公母畜组成的建系畜群为基础群。基础群可以由品种、品系、类群间杂交的杂种组成，也可由不杂交的纯种组成。基础群的遗传品质十分重要，它是一群有特点的、种用价值高的优秀畜群。

系祖的儿子、孙子、曾孙是系祖各代的继承者。继承公畜的选择以性能为主，严格按选育指标，并采用选择系祖的方法进行选择。血统关系一般为直系，但旁系亦可。从系祖的儿子开始就应选出3～4个继承公畜为第一代继承者。每个继承公畜将是一个公畜系统。第一代继承公畜间的亲缘关系为同父异母的半同胞。由于几个继承公畜各自发展成若干支系，它们的后代，即第二代、第三代……继承公畜间亲缘关系将逐渐疏远。

如果基础群一、二世代选育实行不完全闭锁，与配母畜部分可来自非系祖后代的同质母畜，那么三世代必须开始闭锁选育，与配母畜全部来自系祖及其继承公畜后代的优良母畜。由于从一世代开始建立公畜系统，以后又发展为若干个支系，实行支系间交叉配种，从而有计划地控制近交，以巩固系祖的优良性状。

为了巩固和发展系祖的优良类型，每世代均应尽量多留后备公畜，保证有足够数量的优良个体被选为继承公畜。在实际工作中可以采用重复选配，即对优秀的选配组合，重复选定同一公母畜配种。重复选配的作用在于有更多的机会传播优良亲本的高产性能和遗传特点，提高畜群内优良基因型的频率。对于多胎家畜（如猪），可采用窝选法，即血统性能均为优秀的窝可全窝留种，以后个别淘汰。窝选比单传更能迅速扩大优秀畜群，有助于提高群体性状的整齐度。

在基础群自群繁育后期，高产亲缘群已形成（即品系的雏形），应进入纯繁和扩群阶段。在此阶段，一定要按照品系的选育指标，坚持性能与亲缘相结合的原则，从大量的优秀个体中严格选择淘汰，用近交、重复选配等方法不断加强群内性状一致性的选育，保证形成具有突出优点的品系。要做好纯繁工作，应在品系内部划分为三个组别：第一，品系核心组——性能和体型外貌完全符合品系类型和选育指标；第二，一般繁殖组——符合品系品质的要求，但与该品系类型有某些偏离；第三，淘汰组——在很大程度上偏离品系类型，不能代表该品系的发展方向。

为扩大品系畜群，在品系基本形成以后，允许系内部分母畜与外部公畜进行同质交配，其后代参加该系的繁殖群，以丰富品系的遗传性能，避免形成闭合式的遗传狭窄群体。也可用系内种公畜与非本系的同质母畜配种，凡后代品系特征明显的，参与品系群内繁殖。通过系内核心组公母畜的大量繁殖，以及利用系内核心组公母畜与外部同质公母畜配种，保证品系群体数量的扩大和品质的改善。

2. 近交建系法

近交建系法的特点是利用高度近交，如亲子、全同胞或半同胞交配，使优秀性状的基因迅速达到纯合。它和系祖建系法不仅近交程度不同，而且近交方式也不同。它不是围绕一头优秀个体，而是从一个基础群开始高度近交。近交系数保持在37.5%以上。家禽高一些，近交系数达到50%以上。培育小鼠和大鼠近交系，近交系数更高，要求全同胞交配20代以上。

（1）组建基础群。在组建基础群时，首先考虑基础群的数量和质量。由于近交易发生生活力衰退，繁殖性能和生产性能下降的现象，因此淘汰量很大。要求原始基础群有一定的数量，母畜越多越好，公畜数量不宜过多，以免近交后群体中出现的纯合类型过多，影响近交系的建成。组成基础群的个体必须严格选择。应选择带有高产基因的优秀个体，选育性状亦应相同。公畜要经后裔鉴定，并经测交证明未带隐性有害基因。

（2）实行高度近交。建立近交系应根据具体情况灵活运用近交。既要考虑亲本个体品质的优秀程度与纯合程度，还要注意公母畜禽间的关系。个体品质较好，或血统来源较混杂，可以采用较高程度的近交。近交以后可通过分析上一代的近交效果来决定下一代的选配方式。如果上一代近交效果很好，后代的品质比上一代明显提高，则可继续对优秀后代进行较高程度的近交，以便迅速巩固优良品质。如果出现明显衰退现象，则应暂时停止近交或降低近交程度。

在建立近交系的最初几个世代不宜进行选择，因初期群体中杂合子频率高，某些杂合子和纯合子的表型相同，此时进行选择，容易将杂合子选留下来，不利于基因的纯化。如根据表型值选留近交后代时，不应过分强调生活力。因为杂合子的个体表现杂种优势，它们的生活力较强，生产性能较高，尤其是正向选择时更易选错。近交过程由于基因分离组合，需密切注意是否出现优良性状组合。一旦发现应立即选择并大量繁殖，以加速近交系的建成。

3. 群体继代选育法

群体继代选育法又称世代选育，是群体建系的一种方法。近十几年来，我国猪种选育已广泛采用此法，培育出三江白猪、湖北白猪、北京黑猪等。群体继代选育法是从组建基础群开始，组群后开始闭锁，不再向群内引入其他任何优良基因。所以新品系的质量水平取决于基础群组建的好坏。选择基础群要根据选育目标将主要性状的优良基因全部汇集于基础群的基因库里。例如，选育一个猪的高产瘦肉品系，应把具有背膘薄、眼肌面积大、瘦肉率高以及生长快的优良个体选入基础群内，使群内具备产瘦肉多的全部优良基因。

（1）组建基础群。基础群是同质还是异质群体，既取决于素材群的状况，也取决于品系繁育预定的育种目标和目标性状的多少。当目标性状较多而且很少有各方面都满足要求的个体时，基础群以异质为宜，建群以后，把分散于不同个体的理想性状汇集于后代。如果品系繁育的目标性状数目不多，则基础群以同质群为好，这样有利于加快品系的培育。

基础群要有一定数量的个体。例如，猪每世代应有 100 头母猪和 10 头公猪，鸡每世代应有 1 000 只母鸡和 200 只公鸡。若数量减少到 50～60 头母猪，500～600 只母鸡，甚至再少些也是可以的，但遗传进展将受一定影响。公母比例一般为 1：（5～10），应注意保持最低公畜数。保持最低需要量的公畜有利于减缓近交程度的增长，也有利于获得理想的基因组合。

选择基础群时，公畜间应没有亲缘关系，按公畜家系为单位组群。公母畜间也应没有亲缘关系。母畜间基本没有亲缘关系或关系较疏远。按适当的公母比例和最低公畜数的要求组织基础群，基础群的母畜数只需满足适当公母比例即可，母畜多了对控制近交系数增长无实际意义。例如，将母畜数比原来增加一倍，由 40 头增至 80 头，公母比例由 1：5 上升到 1：10，结果世代近交系数增量和世代平均畜群近交系数只分别减少 0.15% 和 0.82%，这与原来无多大差别。

实际应用时，如果近交系数增量和 5～6 代近交系数控制在半同胞水平，即

12.5% 左右，群体主要基因基本纯合。

（2）闭锁繁育。组群后将畜群严格地封闭起来，以后不允许引入任何来源的种畜。一世代畜禽均来自零世代基础群，以后各世代的畜禽均来自上一世代。每一世代的组群数量始终保持基础群原畜禽数。封闭后，基础群内的近交系数随世代自然上升，逐步使群体趋向纯合。基础群经过 5～6 个世代选育后，使原来有一定差异的群体成为具有共同优良特点的优秀群体。

采用不同家系间的随机交配，避免全同胞和亲子交配。这种选配方法的意义在于：第一，基因组合的种类比有意识的个体选配要多，它使各种基因均能获得表现的机会；第二，每一世代的后备畜禽均按选育指标选自上一世代，它们是同质的，无须搞个体选配；第三，近交程度随世代逐渐上升，它是一种程度较平和的近交方式，对建系十分有利。对于选配方法，也有人主张采用严格的个体选配，必要时亦可采用近交。如果畜群较大，有较高的选配技术，在分析上一代选配效果的基础上，是可以进行个体选配的。这就是说，对质量已符合品系选育标准的优秀个体可采用同质选配。

由于闭锁群内各世代群体含量不变，所以基本上是采用家系等量留种法，而不是择优留种法。这种选种方式的畜群近交系数增量较低。

（3）选种方法。按选育目标严格选种，每一世代的后备畜禽尽量争取集中于一个时期内出生，在相同条件下培育和生产。以后根据本身和同胞的性能严格选留。各世代的选种标准和选种方法始终保持不变。因选种目标始终一致，基因频率朝同一方向改变，使变异积累，而出现基因型的显著变化，被选性状将突出地表现出来。

一般每个家系都留下后代。如果某个家系成员普遍很差或发现有遗传缺陷，则全部淘汰。在世代选育过程中，会有一些家系后代留下较多，另一些家系后代留下较少，个别家系可能最终被淘汰。对于不良家系的淘汰工作要在一、二世代后进行。

为兼顾选种和缩短世代间隔，可将选育群分为一般选育群和精选群，其中公畜应经后裔测定，母畜则全部是初产的，但也可包括一些特别优秀的经产母畜。

对于猪、肉鸡、肉牛、绵羊、兔等，种公畜禽的性能可以进行本身测定，用本身和同胞性能测定都好于后裔测定，因为它可缩短世代间隔，也能准确选择种公畜禽，确保畜群一代好于一代。对猪、禽采用本身和同胞测定，可以做到一年一个世代，使畜群加速更新，避免世代重叠，加快遗传进展速度。

（4）畜群选育与推广。由于群体继代选育法的世代间隔短，畜群更新较快，可以结合各级国营牧场和乡镇企业的育种组织体系，使建系与推广紧密结合。

四、杂交繁育

（一）引入杂交

引入杂交又称导入杂交、充血杂交，是指在保留原有品种基本特性的前提下，利用引入品种来改良原有品种某些缺点的一种有限杂交方法。当某一品种基本上能满足国民经济要求，各种特性不需要从根本上加以改变，但它还具有某些缺点需要克服时，可使用引入杂交。

鉴于以上特定情况，若对此品种仅采用本品种选育纯种繁殖的办法，利用选种、选配、培育及开展品系繁育等措施，则效果不会明显，改进速度较慢。如有计划而又谨慎地采用引入杂交方法，则可加快改良的进程，取得较明显的效果而又能使原品种的基本特性保持不变，更可避免原有品种由于加入外血过多而完全破坏原来的遗传结构。

引入杂交在应用时，一般引入外血不超过 1/8 或 1/4，即只杂交一次，然后从杂种中选出理想的公畜与原有品种的母畜回交，理想的杂种母畜则与原品种优秀的公畜回交，产生含 25% 外血的杂种（即回交一代），再根据杂种的具体表现，主要视其缺点、改进程度及原品种的基本品质保留情况，决定是否再回交。如果回交一代不理想，可以再回交一次，产生含 12.5% 外血的杂种（即回交二代），依此类推，如图 7-4-1 所示。最后用缺点得到改进而原品种基本品质得到保留的理想型回交杂种进行自群繁育。

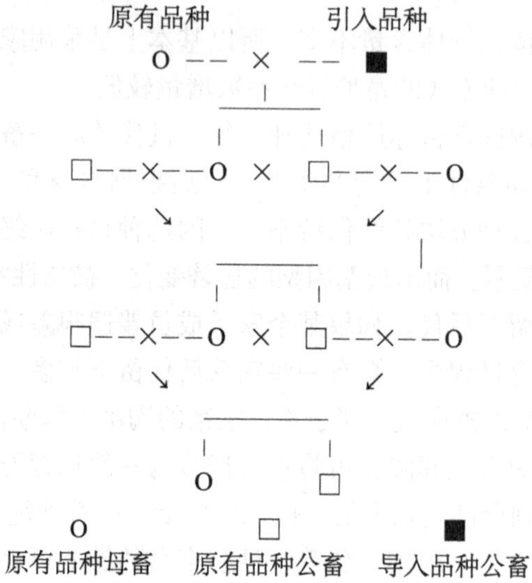

图 7-4-1　引入杂交示意图

（二）注意事项

为使引入杂交取得应有的效果，在实施过程中要注意以下几项。

1. 引入品种与个体的选择

对引入品种要求其生产性能、体质类型与原品种基本相似；要求具有针对原品种某些缺陷的显著优点，而且这一优点有较强的遗传能力。

重点工作应具体落实到个体选择，即引入品种的种公畜选择。引入杂交主要是用引入品种的公畜来提高原来品种的某些性状，并且只杂交一次就基本解决问题。因此，公畜的选择必须严格，这样才能保证杂交有明显效果，并且不至于带来不良后果。

为了解引入品种的遗传稳定性，除了进行一些杂交对比试验外，主要应密切注意被选种公畜的后裔表现。由于只杂交一次，外血成分不高，所以，引入品种对当地条件的适应性不必过多考虑。

2. 杂种的选择与培育

为使引入品种的优点能在各代杂种中得以充分表现，而不至于在回交中减弱或消失，应特别注意对杂种的选择和培育（不然就不可能一次杂交达到目的），并迅速扩大回交杂种中的理想型，及早转入自群繁育。创造有利于引入性状得以表现的饲养管理条件，同时进行严格的选种和细致的选配，是引入杂交成功的重要保证。

3. 以本品种选育为主体

引入杂交是以原有品种为基础，包括必须保证提供原有品种的优秀母畜参加杂交，提供特别优秀的公畜参加回交等工作。杂交时要有相当数量的优良母畜，要求它们在许多优点上的遗传表现非常稳定，这样才能保证生产出大量的回交后代，具有非常完整的原品种的优点。此外，回交时需要更多的本品种的优秀个体，所以，本品种选育也是保证引入杂交成功的关键。不能忘记，在整个工作中，本品种选育是主体，杂交只是局部工作或措施之一。

（三）应用方法与效果

在应用实践中，应特别强调，杂交只宜在育种场内或育种中心地区、小范围内进行。切忌在良种产区大规模普遍地开展，以免造成原有品种的混杂。在育种场内也只能以少量母畜参加杂交，必须有计划地保留一定规模的地方品种进行纯繁，以供以后回交时使用。

为了试验需要，也可引入少量外来品种的母畜作改良者。引入母畜进行杂交时，至少有以下两个明显的特点：一是母畜影响面比较小，在试验阶段不至于对整个品种或畜群有很大的影响；二是由于有些性状受母本影响大，这样的引入杂交有可能使某些性状改进效果更好。

由于引入杂交具有本品种选育的优点，能够保持原有品种的基本特性和优良品质，而又能在改进原有品种的某些缺点上比本品种选育快得多，因而应用较广。这种杂交方式无论在本品种选育、新品种培育及正在培育的品种中，都可能用到。我国一些优良品种在进一步选育提高过程中，采用了引入杂交方法，都取得了显著效果。

例如，东北细毛羊在选育过程中引入过斯达夫细毛羊血液，在改善毛长、提高净毛率上取得了较好效果。据黑龙江省试验报告，含外血25%的杂种羊与同龄的东北细毛羊相比，毛长提高1 cm（10%）以上，产毛量提高0.37 kg。

新疆细毛羊为达到改良提高的目的，在20世纪70年代曾用澳洲美利奴细毛羊进行引入杂交。据1976年统计，含1/4澳血的后代在净毛率及毛长方面均有显著提高，其他羊毛品质和体型结构也有改进，而且保持了新疆细毛羊原有的个体大、适应性强等特点。

在鸡的育种方面，狼山鸡用与其毛色体型基本相似，经济类型较一致，并有狼山鸡血液的澳洲黑公鸡进行引入杂交，用含25%澳血的杂种进行横交，其后代在产蛋量、蛋重、体重、开产期等方面，均超过了亲本。这样就加快了新狼山鸡的选育进程。其提高指标对比如下：产蛋量由172.3个提高到191个，蛋重由54.2 g增加到57.2 g，体重由2.85 kg提高到3.01 kg，开产日龄由234 d缩短为206 d。

南阳黄牛是我国优秀的地方品种。目前是役肉兼用品种，随着国民经济的发展和人民生活水平的不断提高，南阳牛的选育方向应向肉役兼用或肉用方向发展。在以本品种选育为主的总体安排下，应加快改进其目前存在的早熟性及产肉性能的缺陷。自20世纪80年代以来，在河南南阳黄牛育种场开展了引入杂交试验。在引入利木赞牛进行杂交后，其杂种后代1.5岁体重比南阳牛提高74.5 kg，屠宰率提高6.2%，净肉率提高5.5%。

五、改造杂交

（一）改造杂交的概念

改造杂交又称级进杂交、吸收杂交、改进杂交，是改造性杂交的一种方法。它是利用某一优良品种彻底改造另一品种生产性能的方向和水平的杂交方法。

参加杂交的两个品种分别为“改良品种”与“被改良品种”。被改良品种是需要进一步改良的现有品种，要用另一个品种，即改良品种与其杂交。

（二）改造杂交的目的

当某些现有品种已不能满足国民经济发展及人们生活需要时，必须尽快地从根本上彻底改变其原来固有的生产方向、产品性能及类型时，可采用改造杂交。例如粗毛羊转变为细毛羊，役用牛转变为肉役、肉用或乳肉牛，脂肪型猪转变为瘦肉型猪，本地鸡转变为蛋用鸡等，在上述情况下，采用改造杂交的方法，既可以彻底改变品种的遗传特性，又可使改良后的种群保留原品种对当地条件长期的适应性。

若采用纯繁，需要相当长的时间而且效果极不显著；若采用全部引入外来品种代替，则既不经济又不现实，而且还存在对当地条件的适应性问题。

（三）改造杂交的方法

改造杂交是用改良品种的公畜和被改良品种的母畜杂交，对其所生的杂种母畜继续与改良品种的另一些公畜一代一代地杂交，直到杂种接近改良品种的生产力类型和水平时再进行自群繁育，稳定和发展这些优秀个体。简单地说，即以改良品种连续与被改良品种回交，如图7-4-2所示。

对每一代杂种，通常以不同“血缘成分”来区别。如一代杂种用1/2表示，二代杂种用3/4表示，三代杂种用7/8表示，依此类推，以表示它和改良品种的关系，以及在整个杂交过程中使用改良品种的情况。

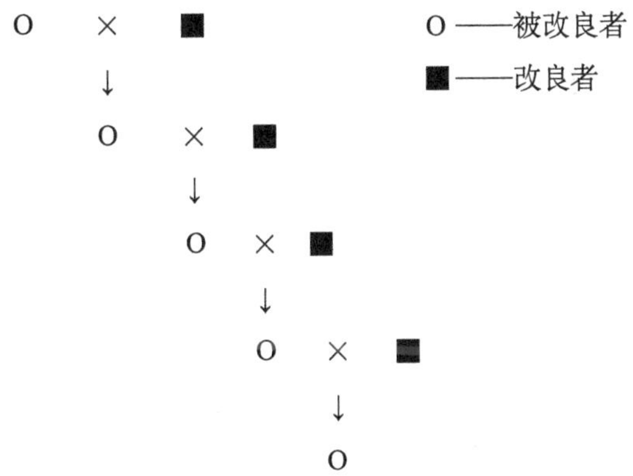

图 7-4-2　引入杂交示意图

（四）改造杂交的注意事项

使用改造杂交的方法，应注意的事项如下。

1. 杂交前对改良品种的选择

对改良品种的选择，在改造杂交中显得更为突出、重要。因为未来的杂种要在相当大的程度上受改良品种的遗传影响。除了要求改良品种具有所要求的特性、特征以外，还应分析该品种对当地条件的适应能力，以及品种的遗传稳定性。

引用适应性强的品种杂交，其杂种既能吸收改良品种的优点，也能较好地适应当地条件。引用遗传性稳定、遗传能力强的品种，可以加快改良速度，在二、三代，三、四代即可获得大量理想的个体。

2. 对杂种后代的培育

遗传规律决定，杂种的特点是遗传性不稳定，它的性状、特性的表现不仅仅取决于“血缘成分”，而且受环境条件的影响很大。因此，为杂种创造最适宜的培育条件，才能保证其优良性状充分发育。没有良好的饲养管理条件，而又想提高生产性能，是不现实的。

3. 对杂种应逐代进行分析

对杂种进行逐代研究，分析其对环境条件的适应情况、优良性状的发育情况、生长发育的规律性及其缺点的表现、逐代生产性能提高的程度等。这样不断地仔细研究，才能促进选育工作的顺利开展并取得成效。

4. 避免盲目追求杂交代数

改造杂交使用效果是有条件的，除需要有良好的选种选配、正确的培育条件以外，也应注意杂交的代数，应适可而止，切不可盲目追求高代杂种。究竟应杂交几代，需根据具体情况而定，那种主张杂交代数越多越好，追求改良品种的“翻版”的做法是错误的，在实践中也是行不通的。因此，只要杂种已基本上接近改良品种，或已基本上达到预定指标，就不要再追求过高代数。在两个品种差异不大、饲养管理条件又有可靠保障的情况下，杂交至二、三代，最多四代便可达到预期目标。当两个品种差异较大时，杂交代数最多也不要超过五代。总之，应当加强饲养管理、培育和选种等方面的工作，以加速杂交效果，不应当把希望完全寄托于杂交代数。此外，还要尽量避免在同一地区长期使用同一头或少数几头改良种群的公畜，以免过早地发生近交。

（五）改造杂交的应用

改造杂交是较大程度地改变经济价值低的本地品种或畜群的迅速而有效的方法。改造杂交在全世界应用较为普遍，在我国畜禽育种实践中应用较早，也极为普遍。许多地区有计划地使粗毛羊变为细毛羊，使役用牛变为肉用、乳用牛，以及彻底改变一些体格小、生长慢、成熟晚的猪种等，大都采用过这种杂交方法，并获得了显著成效。

例如在养牛业中，为了迅速满足广大群众对鲜奶日益增长的需要，引用荷斯坦奶牛与黄牛进行杂交，使黄牛向乳用方向改良。

当地黄牛经过杂交，杂种牛的产乳量逐代提高。若以荷斯坦奶牛 300 d 的产乳量为 100%，杂种一代母牛产乳量相当于同期荷斯坦奶牛的 54.6%，杂种二代提高到 59.51%，杂种三代为 95.96%，杂种四代为 96.26%。杂种四代以上的母牛产奶性能要比本地黄牛提高近 10 倍，基本上接近荷斯坦奶牛的生产水平。同时，杂种牛的生长发育和体型结构随杂交代数的增长也发生了明显变化，头清秀，颈细长，肋骨开张、圆拱，后躯较宽，外貌与荷斯坦奶牛大致相似。

六、杂交育种

所谓杂交育种是指运用杂交方式，从两个或两个以上的品种中创造新的变异类型，采用育种的手段将它们固定下来，是一种新品种培育工作。杂交育种目前已成为常规育种技术中使用最为普遍的方法，不少新品种来自杂交育种。

杂交育种的类型虽然众多，但通过对不同类型的研究与分析，发现它们不仅在方法上有共同点，而且在其步骤上有相似处。为了深入地理解和掌握杂交育种方法在不同时期的任务和重点，可将杂交育种过程划分为以下 4 个阶段。

（一）杂交阶段

杂交阶段是指以杂交手段来达到创造新的理想型为目的的阶段。这一阶段的主要任务是运用两个或两个以上的不同品种的优良特征，通过杂交使基因重组，以改变原有家畜类型，创造新的理想类型。为尽快地创造出理想型，应切实做好如下工作。

1. 确定理想型目标

对理想型要有一个明确、具体的要求。

2. 选好杂交用亲本品种

品种的选择以育种指标和理想型为目标，若选定的亲本品种及个体都合乎要求，这样创造理想型的时间就有可能缩短。另外，必须注意在所选品种中，最好选一个当地品种做母本，因为当地品种对当地条件具有良好的适应性，同时当地品种做母本数量较多，杂种后代也多，有利于选优去劣，易取得较好的杂交效果。

3. 确定杂交组合和方式

当杂交用的品种选定以后，在开始杂交以前，要充分分析杂交用亲本的遗传结构、遗传稳定性、生产性能等，从而确定以哪个品种做母本，哪个品种做父本较为合适，采用哪种杂交方式收效快。

4. 切实做好选种、选配及培育工作

这一阶段的工作，不应仅进行杂交，还应在选种、选配和培育上下功夫。只有这样，才能使工作处于主动地位。应特别注意对杂交用父本品种的个体选择，因为公畜影响面广。要避免选用表现不够明显优秀的个体及隐性有害基因的携带者，最好选用经过后裔测定的公畜。

5. 慎重确定杂交代数

杂交究竟进行几代，这是个重要问题。基本原则是杂交代数要灵活掌握。因为杂交育种的根本目标是追求理想型，不是追求代数多少。有时杂交代数虽然不多，但已得到理想型就应立即停止，转入下一阶段。总之，不能认为代数越多越好。要珍惜本地家畜的一些优点。如果代数过多，影响了适应性和耐粗饲特性的发挥，应予以纠正。

（二）横交定型阶段

本阶段的主要任务是将理想型个体停止杂交，进行自群繁育，稳定其后代的遗传基础并对它们所生的后代进行培育，从而获得固定的理想型。总之，这是一个以横交及自繁为手段，以理想型具有稳定的遗传性为目的的阶段。在这一阶段应做好以下几项工作。

1. 采用同质选配

为巩固理想型，在选配上要用同质选配，以期获得相似的后代。因为合乎理想型标准的个体，并不一定都属于相同世代，更不可能完全相同。

2. 有目的地采用近交

以便更快地完成定型和稳定遗传性的工作。由于理想型杂种具有较高的生活力，使用近交对后代不至于带来生活力减退的不良影响，反而会加快遗传的稳定性。所以，杂交育种处于这一阶段中几乎都使用近交。但近交一定要有目的，要防止不必要的连续近交。关于近交程度高低，要看理想型个体品质和健壮程度而定。个体品质好，体质健壮，其近交程度可高一些。应当注意，一旦发现由于近交而引起生活力减退，就应停止使用近交，并进行血缘更新，但仍应坚持同质选配以巩固所需性状。

3. 建立品系并注意培育条件

对已建立起的理想型群体，应进行自群繁育，扩大繁殖。对某一重要性状特别突出的，可考虑建立品系，以便更好地巩固这一优良特性，建立新品种结构，促进品种的提高。由于家畜是在其遗传基础和环境条件共同作用下发育起来的，所以对自群繁殖的后代要加强培育，增强它们对环境条件的适应能力。

（三）扩群提高阶段

在以上两个阶段的基础上，杂交育种第三阶段的主要任务是大量繁殖已经固定的理想型，迅速增加数量和初步进行推广工作，以扩大分布地区。虽然在第二阶段已培育了理想型群体或建立了品系，但在数量上还不多，未达到品种条件所规定的数量。数量不足容易造成近交，数量少就不能大量淘汰，选择强度不能提高，不利于品种的保持和发展。在此阶段还要做好培育和选种选配工作。在选配上，不一定强调同质选配和近交。为了保持定型后的遗传稳定性，可以使用纯繁。在一般情况下不允许再进行杂交。

（四）纯繁推广阶段

这是杂交育种最后一个阶段。本阶段的主要任务是在大量繁殖的基础上，把培育出的新品种由育种场或中心区拿到群众中去，进行推广鉴定。推广品种不是简单地出售或调拨种畜，而是做更细致、深入广泛的育种工作，进一步了解生产性能、繁殖性能、适应性等各方面的表现，及时总结经验，进一步加强选种选配及提高等工作。相反，若忽视面上的推广工作，不研究进一步提高的措施，会使品种质量很快下降，最后由于不受群众欢迎，占领不了市场而被淘汰。一个品种无论生产性能表现如何优良，如果在基层不能得到普遍的推广，也不能称为好的品种。

工具准备

书籍资料等。

人员准备

任务角色	任务内容
组长：	任务：
组员 1：	任务：
组员 2：	任务：
组员 3：	任务：
组员 4：	任务：
组员 5：	任务：

任务检测

请扫码答题。

任务评价

任务评价表

班级：________　组别：________　姓名：________

项目	评分标准	分值	自我评价	小组评价	教师评价
任务实施完成情况	相关知识收集完成度	—			
	品系的类型和建立品系的方法掌握程度	—			
	杂交育种图绘制正确性	—			
知识技能	查阅资料准确，内容正确	20			
	掌握品系的类型和建立品系	20			
	能够正确绘制杂交方案示意图	20			
任务进度	课前完成率 100% 为 10 分，完成率 30%～60% 为 7～9 分，完成率 30% 以下为 3～6 分，未完成为 0～2 分	10			
任务质量	杂交图绘制正确为 10 分，绘制错误为 0 分	10			
素养表现	资料查阅齐全、整理规范	10			
思政表现	充分发扬团队精神，团队协作意识强	10			
合计		100			
自我评价与总结					
教师点评					

任务五　杂种优势的利用

任务导入

家畜育种基本技术主要包括选种、近交及杂交三种，前面的任务中已经介绍了选种及近交的相关理论基础，本任务主要介绍杂交技术，杂交主要是通过充分发挥杂种优势，实现种群间优良性状的互补，提升动物的生产性能。2 000多年前，我国劳动人民通过实践探索，发现马与驴杂交后生产的后代骡子，比马、驴具有更好的耐力及役用性能，虽然骡子无法产生后代，但因其具备较强的役用性能，因此也广受欢迎。目前，商品猪及肉用仔猪几乎全部都是杂种。猪、牛、羊生产中，也通过广泛的杂交充分发挥杂种优势，达到提升生产性能的目的。

试根据表中三品种杂交试验结果（表7-5-1），计算平均日增重的杂种优势率。

表 7-5-1　三品种杂交试验结果

组别	数量 / 头	始重 /kg	末重 /kg	平均日增 /g
太古本地猪 × 太古本地猪	6	8.1	80.5	185.6
内江猪 × 内江猪	4	12.6	82.2	232.0
巴克夏猪 × 巴克夏猪	4	8.6	80.8	265.4
内江猪 × 巴本杂种猪	4	12.8	81.6	286.6

任务工单

班级：________　姓名：________　学号：________

任务名称	杂种优势率计算
任务描述	根据实际情况，填写本任务的内容、目的、流程和方法。 任务内容：________ 任务目的：________ 任务流程：________ 任务方法：________

（续表）

<table>
<tr><td rowspan="1">获取信息</td><td colspan="4">要完成任务，需要掌握相关的知识。请收集资料，回答以下问题：
1. 杂种优势的概念、表现以及杂种优势产生的机理分别是什么？

2. 如何估算杂种优势？

3. 不同杂交方法的优缺点是什么？</td></tr>
<tr><td>制订计划</td><td colspan="4"></td></tr>
<tr><td rowspan="7">任务实施</td><td colspan="4">按照预先制订的工作计划，完成本任务，并记录任务实施过程</td></tr>
<tr><td>序号</td><td>完成的任务</td><td>遇到的问题</td><td>解决办法</td></tr>
<tr><td>1</td><td>通过书籍、互联网等工具，查阅并收集相关内容，了解相关知识</td><td></td><td></td></tr>
<tr><td>2</td><td>查阅资料，畜牧生产中常用的杂交方式有哪些</td><td></td><td></td></tr>
<tr><td>3</td><td>分组探讨杂种优势利用</td><td></td><td></td></tr>
<tr><td>4</td><td>计算杂种优势率</td><td></td><td></td></tr>
<tr><td>5</td><td>针对在完成活动中遇到的问题及解决情况进行总结</td><td></td><td></td></tr>
</table>

任务准备

知识准备

一、杂交

（一）杂交的概念

在遗传学上，一般把两个基因型不同的纯合子之间的交配叫作杂交。在畜牧业生产中，杂交是指不同种群（属、种、品种、品系或品群）之间的公母畜的交配，杂交的后代叫杂种。其中不同属、种之间的杂交叫远缘杂交。由于不同种属间的遗传结构差异较大，所以远缘杂交能产生杂种优势很强的后代。在畜牧生产实践中，可以用来生产强壮有力的役用畜，也可用于培育畜禽新品种。但是远缘杂交后代之间往往存在着不可（或不易）杂交性和杂种不育性，所以远缘杂交在实际中的应用受到很大的限制。

（二）杂交的作用

概括地说，杂交有以下 3 个方面的作用。

1. 综合双亲的性状，育成新品种

根据数量遗传学育种原理，通过杂交，选择和培育优良品种（品系），给畜禽育种工作带来了巨大的发展。通过杂交，基因和性状实现重新组合，使原来不在一个群体中的基因集中到一个群体中来，使原来分别在不同种群个体身上表现的性状集中到同一种群个体上来。所得杂种，既具有较多的新变异，有利于选择，又有较大的适应范围，有助于培育，因而是培育新品种和建立新品系的良好素材。如高产品系与抗病品系杂交，可育成既高产又抗病的品系。

2. 改良家畜的生产方向

当某一地方品种的生产性能低劣，不能满足经济发展的需要，或生产类型需要改变时，可采用杂交方法。例如，用瘦肉型品种的种公猪与脂肪型品种的地方母猪杂交，可把脂肪型猪改良成瘦肉型猪。同样，也可用细毛羊品种与粗毛羊杂交以生产毛用或毛肉兼用羊，或将役用牛改为肉用、乳用或兼用牛等。

3. 产生杂种优势，提高生产力

根据畜牧业生产实践，在猪的杂交利用中，杂交可获得增产 10%～20% 的效果，杂种猪在生长速度和饲料利用率方面比亲本品种要高 5%～10%，杂种猪在产仔数、成活率和断奶窝重等方面可分别比亲本纯种高 8%～10%，22% 和 25%。利用经济杂交产生的杂种优势进行肉羊生产是肉羊业发展中最成功的经验。波尔山羊改良羊的初生重比本地羊高 30%～40%，在同等饲养管理条件下，6 月龄波尔山羊杂交羊体重在 17.5～20.0 kg，日增重一般在 200 g 左右，与本地羊相比分别提高 40% 和 38.5%。内蒙古自治区某家畜改良工作站利用引进的良种肉羊萨福克与当地牧区大尾寒羊进行经济杂交，杂交一代对牧区生态环境适应性强，生长发育快，有较强的抗病能力和抗寒性，胴体瘦肉率高，肉质鲜美，繁殖性强，杂种优势十分明显。

（三）杂交的遗传效应

杂交的遗传效应与近交的遗传效应相反。

1. 杂交使基因杂合化

杂交是不同纯合子之间的异型交配。两个纯合子之间异型交配，F_1 代必然全部杂合。对群体来说，可以提高杂合基因型频率，降低纯合基因型频率。

2. 杂交提高群体平均值

数量性状的基因型值可剖分为加性效应值和非加性效应值。加性效应是由纯合基因型累加作用引起的，而非加性效应则包括显性效应和互作效应两部分，全部的显性效应和大部分的互作效应都存在于杂合基因型中，因此非加性效应值也可以大致地称为杂合效应值。随着群体中杂合基因型频率的升高，群体的平均杂合效应值也升高，因此，群体的表型平均值也得到提高。

3. 杂交使群体一致性增强

杂交虽能使个体的基因型杂合化，但却使群体趋向一致。因为杂交可使群体杂合基因型频率增加，也就是增加了相互之间没有差别的杂合子在群体中的比率，从而加大了群体的一致性。现代化的畜牧业，多采用纯系间杂交，得到完全一致的 F_1 代，个体间表现整齐，在生长发育和生产性能方面的差异小，因而可使商品畜禽规格一致，有利于畜牧业生产实现商品化和工厂化。

综上所述，杂交确是获得高产畜禽的有效途径，是提高畜产品的产量和质量、提高畜牧业生产效率的重要方法，并在我国地方品种改良中起到了巨大作用，为新品种培育工作开辟了广阔的前景。

但是我们决不能片面地认为，凡是杂交都是好的，凡是杂交都是有优势的。杂交的成败，杂种优势的大小，关键取决于杂交亲本的培育和杂交组合的选择。只要我们能认真地培育杂交亲本，科学地进行杂交组合，对杂种给予良好的饲养管理，则杂种优势将会充分地表现出来。

二、杂种优势的遗传理论

（一）杂种优势的概念

早在 2 000 多年前，我国劳动人民就利用驴、马杂交产生骡。这种种间杂交具有比驴、马更优异的耐力和役用性能，即使它有不能繁殖的严重缺点，人们还是非常喜欢饲养。在 1 400 多年前，北魏贾思勰著的《齐民要术》一书中，已经对杂种优势做出了正确的文字总结。我国地域广阔，品种资源丰富，品种间杂交开展得也较早。汉唐时代，人们就从西域引进大宛马与本地马杂交，生产优美健壮的杂种马，并总结出“既杂胡种，马乃益壮”的宝贵经验。近代杂种优势利用发展更加迅速。1909 年，沙尔（G. H · ShuM）首先建议在生产上利用玉米自交系杂交。1914 年，他又提出“杂种优势”这一术语。以后经过许多人的努力，玉米杂种优势利用在理论上和生产上均取得了令人瞩目的成就。在玉米杂交的启示下，杂种优势利用在畜牧业中，尤其是在肉用家畜生产中也得到了广泛而深入的研究。

不同种群（品种、品系或品群）间杂交所产生的杂种，往往在生活力、生长势和生产性能等方面，表现在一定程度上优于其亲本纯繁群体，这就是所谓“杂种优势”现象。就性状而言，通常表现为杂种的平均性能优于两亲本的平均性。例如，某一良种牛群体平均体重为 700 kg，本地牛群体平均体重为 300 kg，两者杂交产生的杂种群体平均体重为 600 kg，这就表现了杂种优势。最近 20 年有关杂种优势方面的研究和应用进展非常显著。畜牧业发达的国家中，80% 以上的商品猪肉来自杂种猪，大型商品肉仔鸡几乎全是杂种，约有 80% 的鸡蛋是由杂种鸡生产的。肉牛、肉羊、肉鸭等也都广泛利用了杂种优势，一些特种养殖也在探索杂种优势利用途径。

国外资料显示，利用不同品种猪进行杂交，杂种在生长势、饲料转化率和胴体品质等方面，可分别提高5%～10%、13%和2%，而繁殖方面的优势则更加明显，杂种母猪的产仔数、成活率和断奶窝重分别提高8%～10%、25%和45%。因此，在畜牧业生产尤其是肉用动物生产中，利用不同的杂交方式生产商品代是提高经济效益的重要途径。所以，杂种优势利用又称经济杂交或利润杂交。杂种优势利用已成为现代工厂化畜牧业的一个不可短缺的环节，在方法上也日趋精确与高效，已由一般的种间或品种间杂交，发展为一整套“配方式”系间杂交的现代化体系。

（二）杂种优势的表现

凡能进行有性生殖的生物，无论是低等还是高等，都可见到杂种优势现象。杂种优势是生物界的一种普遍现象，但并不是任何两个亲本杂交所产生的杂种或杂种的所有性状都有优势。杂种是否有优势，其表现程度如何，主要取决于杂交用的亲本群体的质量以及杂交组合等是否恰当，也受制于营养水平、饲养制度、环境温度、卫生防疫体系等环境因素，还受制于遗传与环境的互作。如果亲本群体缺少优良基因，或两亲本群体在主要经济性状上基因频率无大差异，或主要性状上两亲本群体所具有的基因非加性效应很小，或者不具备充分发挥杂种优势的饲养管理条件等，这样都不能产生理想的杂种优势。杂交有时候也会出现不良的效应。由于某些非等位基因间存在负的效应，杂种的基因型值就会低于双亲的平均值，这种现象称为“杂种劣势”。但总的说来，杂种优势总是多于劣势。

因此，从群体间关系来看，不同群体间杂交将会有不同的杂种优势，杂种优势的表现是群体特性的表现。从各类性状来看，不同的性状在杂交时有不同的杂种优势效应，如繁殖力、生活力等低遗传力性状，在杂交时往往杂种优势水平较高；胴体性状、体质外貌等高遗传力性状，在杂交时往往杂种优势水平很低，甚至没有杂种优势；生长速度等遗传力中等的性状，其杂种优势水平往往表现中等。

（三）杂种优势利用的前景

在猪、鸡、兔等小家畜禽中，杂种优势利用已日益成为主要的繁育方法。鸡的育种，已形成“原种选育—配合力测定—简单杂交或双杂交”这样一种完整的繁育体系。猪的育种，也开始走向“专门化品系选育—配合力测定—两品系或三品系杂交”的繁育体系。我国在猪的育种方面，也已确定了“三化”的方针，“三化”是指“母猪本地化，公猪良种化，肥猪一代杂种化”，进一步可能发展成为“母猪一代杂种化，公猪高产品系化，肥猪三系杂种化”。这是一个适合猪的生产特点、广泛利用杂种优势、充分发挥增产潜力的正确方针。在这个方针指导下，我国猪的育种工作和养猪生产必将取得更加令人振奋的成就。我国肉牛饲养业目前是以轮回杂交为主，方式上与猪、鸡不尽相同。牛是单胎家畜，繁殖力较低，因此要充分利用本地母牛资源。但我国大部分本地品种牛体型较小，与大型肉牛杂交，由于杂交一代的生长速度较快，而本地牛的泌乳力较差，因而不能满足杂交一代犊牛哺乳期的营养需要。所以，主张用乳肉兼用型牛，如西门塔尔牛作第一父本，这样有利于提高杂交一代母牛的泌乳性能，并且杂交一代母牛的体格也增大了。杂交一代母牛再与肉用性能好的利木赞或夏洛来公牛杂交，三元杂交牛中公牛可作为商品牛，母牛可与第四品种公牛杂交。

山羊肉在肉品消费中一直呈上升趋势，尽管20世纪90年代猪禽养殖业几经起伏，但山羊价格一直稳中有升。近几年我国从新西兰、澳大利亚引进的肉用山羊波尔山羊对改良本地山羊的肉用性能有明显效果，杂交一代的生长发育性能颇佳。

我国南方各省区的沼泽型水牛与外来的河流型水牛（摩拉水牛等）杂交，各方面都表现出很好的杂种优势。杂交代一水牛无论在役用或乳用方面，都比本地水牛强，深受群众欢迎。看来走杂种优势利用的道路，很可能比走杂交育成新品种或改造杂交的道路更为有利，但不能一见杂种好就不要本地水牛了，否则将犯有些地区在猪种改良上所犯过的错误。本地水牛断种了，杂种优势也就无从利用了。

三、杂种优势产生的机理

对杂种优势现象的认识，早在19世纪60年代达尔文就提出了“异花授粉一般对后代是有利的，而自花授粉对后代是有害的”的理论。但对杂种优势的遗传理论的解释，从孟德尔关于遗传定律的结论被重新发现以后，就一直是遗传学研究的一个重要方面。目前，对杂种优势产生的遗传机理已提出许多理论和假说，如显性假说、超显性假说、上位假说等，有些假说在试验中还得到了不同程度的证明，但这些假说都不能很好地解释杂种优势，有待进一步研究。

（一）显性假说

显性假说也称突变有害假说，最早由布鲁斯（A. B. Bruce）提出，他认为大多数显性基因有利于个体的生长发育，相对应的隐性基因则不利于生长发育。如选用不同的亲本进行杂交，那么由一个亲本带入子代杂合子中的某些隐性基因会被另一亲本的显性基因所遮盖，从而增加了杂合子的生长势。后来，琼斯（D. F. Jones）又进一步将其补充为显性连锁假说，简称显性假说。根据这个假说，杂合个体进行近交就会增加子代纯合子出现的机会，暴露出隐性基因所代表的有害性状，从而导致后代产生近交衰退。

显性假说的主要论点如下。

①显性基因多为有利基因，有害、致病以及致死基因大多是隐性基因。

②显性基因对隐性基因有抑制和掩盖作用，从而使隐性基因的不利作用难以实现。

③显性基因在杂种群中产生累加效应。如果两个种群各有一部分显性基因而非

全部，并且有所不同，则其杂交后代可出现显性基因的累加效应。

④非等位基因的互作会使一个性状受到抑制或者增强，这种促进作用可因杂交而表现出杂种优势。

不过，这一假说在解释实际杂种优势现象时存在两个问题。

①显性假说认为杂种优势的大小直接取决于亲本中纯合隐性基因数目，这些基因座在杂交时可能成为杂合状态而表现杂种优势，因此在每个基因座至少有一个显性基因的个体和群体具有最高的杂种优势，而在其他情况下获得的杂种优势将小于该值。然而，在亲本群体中维持许多隐性有害的不利基因纯合子的可能性是不大的。因此，根据这一假说在实际中所能获得的杂种优势应是不大的，而这同实际情况并不相符，在玉米杂交中，杂种的生产性能通常超过亲本的20%，甚至超过50%。

②显性假说认为隐性基因只有在纯合状态下才是不利的，在自然群体处于杂合状态的个体具有很大的适应性。但是一些试验表明消除部分隐性基因并未给群体带来多大改变。显性学说的拥护者对此认为是在选育过程中，有许多和隐性基因紧密连锁的有利显性基因也随之丢失，因而即使消除部分隐性基因也得不到明显效果。但从生物发育的角度看，基因连锁强度应受到自然选择的控制，使一些有利的显性基因和有害的甚至在纯合状态下致死的隐性基因紧密连锁的特殊情况得以维持下来。这表明这类隐性基因对一个基因型整体来说有重要的适应意义。

（二）超显性假说

超显性假说认为杂种优势是等位基因间相互作用的结果。由于具有不同作用的一对等位基因在生理上相互刺激，使杂合子比任何一种纯合子在生活力和适应性上都更为优越，而杂种优势则源于基因型不同的配子结合后产生的一种刺激发育的效应。早在19世纪中叶，达尔文就认为亲本配子间存在差异，对生物个体的适应性是有利的。据此，设一对等位基因A、a，则有Aa > AA和Aa > aa。这一现象称为“超显性”现象。后来有学者用基因理论将其具体化，进一步认为每一基因座有一系列的等位基因，而每一等位基因又具有独特的作用，因此杂合子比纯合子具有更强的生活力。此后，人们还认为基因在杂合状态时可提供更多的发育途径和更多的生理生化多样性，因此杂合子在发育上即使不比纯合子更好，也会更稳定一些。

超显性假说虽然提出得很早，但因长期缺乏直接的实验证据而不被重视，直到后来发现了一些实验证据才逐渐被人们所接受。如其对玉米杂交所表现的高度杂种优势的解释，比显性假说更圆满。尽管如此，超显性假说仍存在一些难以解释的问题而遭到一些学者的质疑。

（三）上位假说

上位假说主要强调的是非等位基因间的互作，有时表现为显性上位，有时表现为隐性上位，当上位基因表现出相互抑制性质时，则子一代可表现为倾向低值亲本。上位效应理论认为上位基因产生的杂种优势可分为两种类型：一种是“子一代上位”，即两个亲本品系的基因共同作用得到；另一种是“亲本上位”，即结合在亲本品系中的不同纯合子上位基因以类似显性模式传递到杂种，这种基因互作存在于亲本品系之中。重复基因的互作属于亲本上位。

（四）遗传平衡假说

显性假说、超显性假说和上位假说在对杂种优势的成因解释上都不完美和不全面。遗传平衡假说的中心思想则是把显性假说和超显性假说综合起来解释杂种优势，认为杂种优势往往是显性和超显性共同作用的结果。有时一种效应可能起主要作用，有时则可能是另一种效应起主要作用。也可能在控制一个性状的许多对基因中，有的是不完全显性、有的是完全显性、有的是超显性，有的基因之间有上位效应、有的基因之间没有上位效应。通过杂交，使彼此不同的基因相互作用，改变了基因组的遗传平衡，经选择创造出遗传平衡更好的杂合系统，从而产生杂种优势。不过遗传平衡这个概念还过于抽象，其内容尚待充实。

杜尔宾认为：“杂种优势不能用任何一种遗传原因解释，也不能用一种遗传因子相互影响的形式加以说明。因为这种现象是各种遗传过程相似作用的总效应，所以根据遗传因子相互影响的任何一种方式而提出的假说均不能作为杂种优势的一般理论。尽管上述几种假说都与一定的试验事实相符，尤可争辩地包含一些正确的看法。但这些假说都只是杂种优势理论的一部分。”

随着分子遗传学研究的不断深入，人们对基因的认识已经有了很大改变，发现基因间的作用相当复杂，难以明确区分显性、超显性、上位等各种效应。因此，杂种优势的遗传解释还需要通过科学实验和生产实践进一步发展和完善。

四、杂种优势的利用

杂种优势利用是一整套综合措施，包括以下 3 个主要环节。

1. 杂交亲本种群的选优与提纯

杂种优势的获得首先取决于杂交亲本的基因优劣和纯度，所以杂交亲本种群的选优与提纯是杂种优势利用的一个最基本的环节。杂种必须能从亲本获得优良的、高产的、显性和上位效应大的基因，才能产生显著的杂种优势。“选优”就是通过选择使亲本种群原有的优良、高产基因的频率尽可能增大。“提纯”就是通过选择和近交，使得亲本种群在主要性状上纯合子的基因频率尽可能增加，个体间的差异尽可能减小。提纯的重要性并不亚于选优，因为亲本种群越纯，杂交双方基因频率之差才能越大，配合力测定的误差才能越小，杂种群体才能越整齐、越规格化，而这些都是杂种优势利用效果好坏的关键。选优与提纯，并不是两个截然分开的措施，选优就是要增加优良基因的频率，而只有优良基因的纯合子基因型频率提高了，其基因频率才能有较大的增加。所以“优”和“纯”虽然是两个不同的概念，但选优和提纯是相辅相成的，可以同时进行和同时完成。个体有着各种各样的经济性状，有不少经济性状遗传力较高，纯繁选育效果好，而杂种优势往往不显著。这一类性状就应该在亲本种群中选优提高。那种不以纯繁为基础的单纯杂交的做法是错误的。纯繁和杂交是整个育种工作中两个相互促进、相互补充、互为基础、互相不可替代的过程。不把亲本种群的纯繁选育工作做好，不把那些在纯繁阶段可以通过选择显著提高的性状尽量提高，就去盲目进行杂交，是不可能取得良好效果的。即使是那些遗传力较低的性状，个体表型选择虽然进展不大，也应通过其他的选择方法，诸如同胞测验或后裔测验，来尽可能使之改进。

数量性状与质量性状都是由基因控制的，在理论上，要使基因型纯合都必须通过同基因型交配（除非单性繁殖），只是由于数量性状所涉及的基因对数较多，而且受环境影响大，因而根据表型值来进行同基因型选配比较困难。为了同时达到选优和提纯两个目的，同胞测验或后裔测验时，除注意同胞或后裔均值以外，还应重视同胞或后裔的变异程度，因为只注意同胞或后裔的均值，选择往往有利于杂合子。如果代代选留的都是杂合子，那么即便连续近交，其他不加选择的性状基因型高度纯化，而选择的性状反而纯化缓慢，结果生活力下降，而提纯的目的却达不到。

选优提纯在杂种优势利用中的作用是一个“水涨船高”的关系，亲本选育提纯愈好，杂种性能也会愈高。选优提纯的较好办法是品系繁育。用品系繁育来选优提纯杂交亲本种群，其优点是品系比品种小，容易选优提纯，有利于缩短选育时间，有利于提高亲本群体的一致性，更适应现代化生产的要求。

2. 杂交亲本的选择

杂交亲本应按照父本和母本分别选择，两者的选择标准不同，要求也不同。

（1）母本的选择。应选择在本地区数量多、适应性强的品种或品系做母本。因为母本需要的数量大，种畜来源问题很重要，适应性强的容易在本地区基层推广，特别是一些繁殖力低的畜种，如牛、羊等，更需要以当地品种做母本。

应选择繁殖力高、母性好、泌乳能力强的品种或品系做母本。这关系着杂种后代在胚胎期和哺乳期的成活和发育，因而影响杂种优势的表现，同时与杂种生产成本的降低也有直接关系。例如，生产瘦肉型三元杂交猪杜长大和杜大长时，祖代母本大约克夏猪和太湖猪都具有上述特点。

在不影响杂种生长速度的前提下，母本的体格不一定要求太大，因体格太大浪费饲料。目前有些国家选用小型鸡作为杂交母本，就是这个道理。我国也已重视仙居鸡的选育，这种鸡体型小，产蛋多，是一个理想的杂交母本。

前面两条应根据实际情况灵活应用。例如，在上海地区开展杂种优势利用工作，本地的枫泾猪既适应性强，又繁殖性能好，是一个理想的母本品种。但如果这项工作在哈尔滨地区开展，枫泾猪猪源不畅，适应性也不强，直接用作母本就不一定合适。为了利用其繁殖性能好的特点，可利用它做父本与哈白猪杂交，以生产繁殖力和适应性都良好的杂种母猪，再与另一个理想的第二父本杂交，以生产肥育用三元杂交猪。

（2）父本的选择。应选择生长速度快、饲料利用率高、胴体品质好的品种或品系作为父本。具有这些特性的一般都是经过高度培育的品种，如长白猪、大白猪、夏洛来牛、西门塔尔牛、科尼什鸡等，或者精心选育的专门化品系。这些性状的遗传力较高，种公畜的这些优良特性容易遗传给杂种后代。

应选择与杂种所要求的类型相同的品种做父本。如生产瘦肉型猪时，应选择瘦肉型品种如大约克夏猪或杜洛克猪做父本。生产乳用型杂种牛，应选择乳用型品种牛为父本，如荷斯坦奶牛。有时也可选择与母本相度的类型以生产中间型的杂种，如用长毛型品种绵羊与细毛羊杂交，以产生半细毛羊的杂种。

父本的适应性和种畜来源问题可放在次要地位考虑，因为父本饲养数量较少，适当的特殊照顾所费不大。因而一般多用外来品种作为杂交父本。

如果进行三元杂交，第一父本还要考虑繁殖性能与母本品种有良好的配合力。第二父本为终端父本，要考虑其能否在生产性能上符合杂种指标的要求。如长白猪和大约克夏猪都可作为第一父本。因为二者都具有较高的繁殖力，所以也可作为母本，但考虑到长白猪的适应性不及大约克夏猪，因此常用长白猪作为第一父本；第二父本则选择适应性强、育肥性好、饲料利用率高的杜洛克猪，而杜洛克猪的繁殖性能不及长白猪和大约克夏猪。

3. 杂交效果的估测

开展杂种优势利用应尽力做到有的放矢，周密布置。实践证明，不同品种或品系间的杂交效果差异很大，不同杂交方式其结果更是相去甚远。不同种群间的准确杂交效果，必须通过配合力测定才能最终确定。但配合力测定费钱费时，家畜的品种品系又很多，不可能两两之间都进行杂交试验。因此，在进行配合力测定之前，应有个大致的估计，只有那些估计希望较大的杂交组合，才正式列入配合力测定。这样可以节省很多人力物力，有利于杂种优势利用工作的开展。

（1）估计杂交效果的依据。种群间差异大的，杂种优势也往往较大。一般来说，分布地区距离较远，来源差别较大，类型、特长不同的种群间杂交，可以获得较大的杂种优势。因为这样的种群在主要性状上，往往基因频率差异较大，因而杂种优势也较大。一般来说，引进品种与本地品种的杂种优势比国内品种之间的要大。

长期与外界隔绝的种群间杂交，一般可获得较大的杂种优势。与外界隔绝的主要原因有两种：一种是地理交通上的隔绝，如我国某些山区或小岛，那里的畜群长期与外界不相交流，形成一个不是很大的封闭群体，如广东省紫金县的兰塘猪；另一种是繁育方法上的隔绝，有的是有意识地封锁群繁育，有的是无意识的习惯（当然也有其一定的经济上的原因），如湖羊往往都是本家系留种交配。这些血统上与外界长期隔绝的种群，基因型往往较纯，杂交效果也较显著。

遗传力较低、在近交时衰退比较严重的性状，杂种优势也较大。因为控制这一性状的基因，其非加性效应（包括显性效应和上位效应）较大，杂交后随着杂合子频率的加大，群体均值也就有较大的提高。如受胎率、繁殖率、成活率、断奶体重、产仔数、产蛋率等经济性状的遗传力，主要受非加性基因控制，杂交后随着杂合子频率的加大，群体均值也就有较大的提高，因而杂种优势明显。而遗传力高的性状则主要受基因的加性效应影响，非加性效应程度降低，因此即使杂交使得杂合子比例增高，也不会带来多大的杂种优势。

主要经济性状变异系数小的种群，一般说来杂交效果较好。因为群体的整齐度在一定程度上可以反映其成员基因型的纯合性，除纯系的一代杂种以外，群体的变异系数一般是与杂种优势的大小成反比。

（2）关于杂交效果预估的探讨。当然根据以上所做的估计还是很笼统的、粗糙的，不可能区分差异不大的杂交组合的效果，有时甚至会估计错误。长期以来，人们总想探索出一种可以比较精确地预测杂种优势的方法，有的想利用血型与生产力的关系，有的则努力寻找杂种在某些生理生化指标上的特点，更有的利用计算遗传距离来预测。在作物育种方面可以用“线粒体混合试验法”来预测杂种优势，这种方法就是通过测定两个亲本的混合线粒体的呼吸强度和氧化磷酸化的效率，来预测它们杂交后代的杂种优势。据研究，凡是表现有杂种优势的杂种个体，其细胞线粒体的呼吸强度（耗氧率）和氧化磷酸化效率（P/O 值），都高于亲本细胞的线粒体，而且将两个亲本的细胞线粒体取出来混合在一起，这种混合线粒体的呼吸强度和氧化磷酸化效率，也都高于各个亲本单独的线粒体。因此，用实验室方法做成的亲本混合线粒体，可以代替通过杂交得到的杂种线粒体来进行呼吸强度和氧化磷酸化效率的测定，从而预测杂种优势。这种预测杂种优势的方法还不够完善，更不能直接应用于家畜杂种优势利用。生物有机体是很复杂的，各个性状的杂种优势程度也是不一样的，个别能够在一定程度上反映代谢强度的生理生化指标，未必能够精确地反映每个性状的杂种优势程度。但是无论如何，这种方法在用实验室方法替代杂交试验方面走出了有意义的一步，给人们一个启示，在这方面的研究领域是非常宽广的。

五、利用杂种优势的方法

杂交的目的是使各亲本群体的基因配合在一起，产生新的更为有利的基因型。因具体情况不同，可采用的主要杂交方式有：简单杂交、三元杂交、双杂交、轮回杂交、顶交等。

（一）简单杂交（单杂交）

即两个种群杂交一次，一代杂种无论公母畜，都不作为种用继续配种繁殖，而是全部用作商品，如图 7-5-1 所示。

O —— × —— ■

甲品种母畜　　　乙品种公畜

↙↘

O　　□

一代杂种公母畜（全部经济利用）

图 7-5-1　简单杂交示意图

这种杂交方式最简单，特别是在选择杂交组合方面比较简单，只需做一次配合力测定。但在杂交组织工作上并不太简单，因为始终需要有纯种家畜来补充。为此，一个从事这种工作的牧场，除了进行杂交以外，还要同时做纯繁工作，以补充杂交用的母本。如果父本也由本场繁殖，还需要有一个父本种群的纯繁群，否则就得经常从外场采购公畜或利用配种站的公畜。母本种群的纯繁，并不一定需要另搞一个群，可以利用杂交用的母畜群进行纯繁，只要配备一些同种群的种公畜就行了。选择杂交效果好的母畜，利用其几个产次进行纯繁，这样可能对提高配合力还有一定好处。

简单杂交方式简单易行，并有良好的实际效果，可在杂交生产的起始阶段广泛使用，如新淮猪育种初期就采用了简单杂交方式。简单杂交的最大缺点是不能充分利用繁殖性能方面的杂种优势，因为用以繁殖的母畜都是纯种，而繁殖性能一般遗传力较低，杂种优势比较明显，不利用这方面杂种优势是很可惜的，所以有条件的地方应尽量开展三元杂交。

以肉畜为例，简单杂交的杂种优势在重要经济性状方面的表现如下。

（1）繁殖性状的杂种优势比较明显。猪产仔数的杂种优势率为 3%，母本对产仔数的影响起主导作用，有母本效应优势。猪的初生重、断奶重、泌乳力等繁殖性状杂种明显高于纯种，表现出杂种优势。

（2）生长和肥育性状有杂种优势。猪平均日增重的杂种优势率约为 6%，饲料利用率的杂种优势率约为 3%。肉牛生长性状的杂种优势率在 5% 左右。

（二）三元杂交

即先用两个种群杂交，产生在繁殖性能方面具有显著杂种优势的母畜，再用第三种群做父本与之杂交，以生产经济用畜群（如图 7-5-2 所示）。

O －－　×　－－ ■

甲品种母畜　　乙品种公畜

O －－　×　－－□

↙↘　丙品种公畜

O　□

图 7-5-2　三元杂交示意图

这种杂交方式主要用于肥猪生产。世界许多国家都采用杜洛克猪、长白猪和大约克夏猪三元杂交生产商品猪。一般说来，三元杂交的总杂种优势要超过简单杂交，因为杂种母猪产仔多、哺乳能力强，这些优势直接影响仔猪的生长发育，因而仔猪初生窝重和断奶窝重都大，加上第二次杂交使仔猪本身又获得生活力与生长势方面的杂种优势，两者加在一起，总的杂种优势当然要比仅仅仔猪为杂种的简单杂交更为显著。而且来自杂种母猪的优势，一般比直接来自杂种仔猪的更大，因为繁殖性能的遗传力比生长势的遗传力低，而前者的杂种优势一般比后者大。由此可见，利用杂种母猪进行杂交，在猪的杂种优势利用上有相当重要的意义，而这一点正是三元杂交的主要优点。

三元杂交在组织工作上，要比简单杂交更为复杂，因为它需要有三个种群的纯种猪源，而且需要两次配合力测定：一次是杂种母猪两亲本间的以繁殖性能为重点的配合力测定，另一次是第三个种群与杂种母猪间以肥育性能为重点的配合力测定。

（三）双杂交

图 7-5-3 鸡近交系双杂交示意图

即用四个种群分别杂交，然后再在两种杂种间进行杂交，产生经济用畜群。这种杂交方式最初用于生产杂交玉米，目前在畜牧生产中主要用于鸡。鸡的双杂交一般用于近交系之间。先用高度近交建立近交系，再用轻度近交保存近交系，同时进行各近交系间的配合力测定，选择适宜做父本和母本的单杂交鸡，再进行各父本与母本间的配合力测定，选择最理想的杂交组合。选定杂交组合后分两级生产杂交鸡，第一级是生产父本和母本单杂交种鸡，第二级是生产双杂交商品鸡，具体过程如图 7-5-3 所示。

这种杂交方式的优点如下。

（1）遗传基础更广一些，有更多的显性优良基因互补的机会和更多的互作类型的可能，从而造成较大的杂种优势。

（2）除利用杂种母畜的优势外，还利用杂种公畜的优势。这种优势主要表现为配种能力强，可以少养多配，使用年限延长。

（3）由于大量利用杂种优势，纯种就可以少养。而养纯种比养杂种成本高，特别是近交系。

（4）第一次杂交所产生的杂种，有的作第二次杂交的父本用，有的做母本用。做母本用的杂种中的公畜和做父本用的杂种的母畜，以及选剩下来的公畜可以作育肥用，而杂种的育肥性能要比纯种好。在三元杂交时，第一次杂交所产生的杂种，母畜继续杂交繁殖，公畜作肥育用，同样也有这一优点。

双杂交涉及四个种群，组织工作就更为复杂一些。但在家禽中同时保持几个纯种群比较容易，所以实际采用这种杂交方式的较多。目前，许多国家在肉蛋鸡生产中基本上应用双杂交或四元杂交进行生产。如在我国饲养数量较多的“快大型”AA肉鸡、艾维茵肉鸡、海兰蛋鸡、罗曼褐蛋鸡商品代都是通过双杂交生产的，肉猪多数是长白、大约克、杜洛克三元杂交或用汉普夏、杜洛克、长白、大约克培育配套系进行配套系杂交（父母代为汉杜二元公猪和长大二元母猪）。

（四）轮回杂交

即用两、三个或更多个品群轮流杂交，杂种母畜继续参加繁殖，杂种公畜供经济利用，如图 7-5-4 所示。

```
O --×-- ■
    ↓
    O --×-- ■
        ↓
        O --×-- ■
            ↓
            O
```

图 7-5-4　二元轮回杂交示意图

1. 轮回杂交方式的优点

（1）除第一次杂交外，母畜始终都是杂种，有利于利用繁殖性能的杂种优势。

（2）对于单胎家畜，繁殖用母畜需要较多，杂种母畜也需用于繁殖，采用这种杂交方式最合适。因为简单杂交不利用杂种母畜繁殖，三元杂交也需要经常用纯种杂交以产生新的杂种母畜，对于繁殖力低的家畜，特别是大家畜都不适宜。

（3）这种杂交方式只要每代引入少量纯种公畜，或利用配种站的种公畜，不需要本场自己维持几个纯繁群，在组织工作上方便得多。

（4）由于每代交配双方都有相当大的差异，因此始终能产生一定的杂种优势。只要杂交用的纯种较纯，种群选择合适，这种方式产生的杂种优势不一定比其他方式差。

2. 轮回杂交方式缺点

（1）代代要变换公畜，即使发现杂交效果好的公畜也不能继续使用。而且每次购入的公畜，使用一个配种期后，或者淘汰，或闲置几年，要等下次再轮到这个品种或品系杂交时才能再使用，这样就造成很大浪费。克服的办法是几个畜牧场联合使用公畜，每个种群的公畜在一个畜牧场使用以后，转移到另一个畜牧场，这样几个畜牧场循环使用，可提高公畜的利用率。

（2）配合力测定不好做，特别是在第一轮回杂交期间，相应的配合力测定必须在每代杂交之前进行，但是这时相应的杂种母畜还没有产生。为了进行配合力测定，必须在一种类型的杂种母畜大量产生以前，先生产少数供测定用的该类型杂种母畜，这就比较麻烦。但完成第一轮回杂交以后，只要方案不变，以后各轮回杂交就不一定都做配合力测定。

（五）顶交

即近交系公畜与无亲缘关系的非近交系母畜交配。这种杂交方式用于近交系杂交的情况，由于近交系母畜一般生活力和繁殖性能都差，不适宜做母本，所以改用非近交系母畜。但是由于母畜群不是近交系，因此一般都不纯，后代往往容易发生分化，难以得到规格一致的产品。补救的办法是父本高度提纯，使得公畜在主要性状上基本都是优良的显性纯合子，这样母本群的纯度稍差一些，影响可能不大。另一个办法是改用三系杂交，先用两个近交系杂交生产杂种母畜，再与另一近交系公畜杂交。一些研究证明，顶交在养猪生产中是可行的，江苏省农业科学院畜牧研究所采用顶交选育提高新淮猪的研究表明：对于窝产仔数、仔猪断奶窝重等性状，顶交优于近交和非近交；断奶后平均日增重、饲料消耗顶交组好于非近交组，分别提高 16% 和降低 14.1%；胴体性状顶交组与非近交组差异不大。因此，顶交不仅是一种生产商品畜禽的杂交方式，而且也可用于纯种繁殖，保持纯繁猪的繁殖性能，提高生长速度和降低饲料消耗。

上述各种杂交方式各有优缺点，也各有其适用场合，应根据具体情况选择最节省人力、物力，而效果又最好的杂交方式。

除杂交方式外，杂交时还应注意以下两点。

（1）在进行经济杂交时，不必考虑后代的亲缘关系过近，所以一头公畜可以尽量多配，使用公畜的头数应尽量减少。这样杂种的质量更为整齐，更能规格化。当然在公畜的杂交效果没有确定以前，先试配少量母畜以测定其杂交效果，有时也是需要的。

（2）个体差异总是存在的，特别是在种群不纯的情况下，所以杂交时对公畜个体的选择还是必要的。但是一般杂种优势明显的性状，遗传力往往较低，个体表型选择效果不大，同胞测验又只能反映其纯繁时的育种值，所以杂交时公畜个体的选择，还需通过杂交后裔测验来进行。一旦发现杂交效果突出的公畜，不但应大量使用，还应尽量长期使用，不必顾虑因此而拉长世代间隔。因为世代间隔的长短在这里没有意义，不像在改进畜群遗传品质时那样重要。

工具准备

书籍资料等。

人员准备

任务角色	任务内容
组长：	任务：
组员 1：	任务：
组员 2：	任务：
组员 3：	任务：
组员 4：	任务：
组员 5：	任务：

任务检测

请扫码答题。

任务评价

任务评价表

班级：________　组别：________　姓名：________

项目	评分标准	分值	自我评价	小组评价	教师评价
任务实施完成情况	相关知识收集完成度				
	杂交方式及杂种优势利用掌握程度	—			
	杂种优势率计算正确性	—			
知识技能	查阅资料准确，内容正确	20			
	掌握杂种优势的概念、表现以及杂种优势产生的机理	20			
	能够正确估算杂种优势	20			
任务进度	课前完成率100%为10分，完成率30%～60%为7～9分，完成率30%以下为3～6分，未完成为0～2分	10			
任务质量	杂种优势估算正确为10分，错误为0分	10			
素养表现	资料查阅齐全、整理规范	10			
思政表现	精益求精的工作方法	10			
合计		100			
自我评价与总结					
教师点评					

参考文献

耿明杰，2006. 畜禽繁殖与改良 [M]. 北京：中国农业出版社 .
李碧春，2015. 动物遗传学 [M]. 北京：中国农业大学出版社 .
李厚达，2003. 实验动物学 [M]. 北京：中国农业出版社 .
李来平，贾万臣，2015. 动物繁殖技术 [M]. 北京：中国农业大学出版社 .
刘榜，2014. 家畜育种学 [M]. 北京：中国农业出版社 .
刘太宇，2013. 养牛生产技术 [M]. 北京：中国农业大学出版社 .
任建存，杨艳玲，2012. 牛羊生产 [M]. 郑州：河南科技出版社 .
徐相亭，2003. 猪的繁育技术指南 [M]. 北京：中国农业大学出版社 .
徐相亭，秦豪荣，张长兴，2011. 动物繁殖技术 [M]. 北京：中国农业大学出版社 .
张响英，孙耀辉，2018. 动物繁殖技术 [M]. 北京：中国农业出版社 .